PRESS

C.A. PRESS

VIVOS BAJO TIERRA

Manuel Pino Toro nació en Santiago de Chile y se recibió de periodista en la Universidad Federal de Mato Grosso do Sul, Brasil.

Desde 1994 ha desarrollado su profesión en empresas periodísticas y de marketing. En Radio Cooperativa de Chile llevó adelante labores de reportero, productor de prensa y editor de contenidos.

Durante su carrera profesional se ha desempeñado también como corresponsal en Estados Unidos y España, orientando su trabajo a cubrir el quehacer diario de ambos países, tanto en el ámbito cultural, económico, deportivo y político.

En Australia estuvo a cargo de comercializar la señal internacional de Televisión Nacional de Chile. Luego, en California realizó diversas labores de prensa en *La Opinión*, uno de los diarios hispanos más importantes de ese país.

Manuel fue uno de los pocos periodistas que tuvo acceso al sitio de rescate en Atacama. Habló directamente con los mineros chilenos para entrevistarlos para este libro.

VIVOS
BAJO
TIERRA

Manuel Pino Toro

C.A. PRESS

Penguin Group (USA)

C. A. PRESS

Published by the Penguin Group
Penguin Group (USA) Inc., 375 Hudson Street, New York, New York 10014, U.S.A.
Penguin Group (Canada), 90 Eglinton Avenue East, Suite 700, Toronto,
Ontario, Canada M4P 2Y3 (a division of Pearson Penguin Canada Inc.)
Penguin Books Ltd, 80 Strand, London WC2R 0RL, England
Penguin Ireland, 25 St Stephen's Green, Dublin 2, Ireland
(a division of Penguin Books Ltd)
Penguin Group (Australia), 250 Camberwell Road, Camberwell,
Victoria 3124, Australia (a division of Pearson Australia Group Pty Ltd)
Penguin Books India Pvt Ltd, 11 Community Centre,
Panchsheel Park, New Delhi – 110 017, India
Penguin Group (NZ), 67 Apollo Drive, Rosedale, North Shore 0632,
New Zealand (a division of Pearson New Zealand Ltd)
Penguin Books (South Africa) (Pty) Ltd, 24 Sturdee Avenue,
Rosebank, Johannesburg 2196, South Africa

Penguin Books Ltd, Registered Offices:
80 Strand, London WC2R 0RL, England

First published by C. A. Press, a member of Penguin Group (USA) Inc. 2011

1   3   5   7   9   10   8   6   4   2

Copyright © Manuel Pino Toro, 2011
All rights reserved

Photographs reproduced by permission of the Government of Chile and the Municipality of Copiapó.

ISBN 978-0-9831390-0-3

Printed in the United States of America

Dedicado a Luis Alberto Pino Bustos, que desde su santa morada observa jubiloso; a mis padres y familia, por su amor absoluto; a Loreto Maza Monsalve, por su paciencia, cariño y respaldo incondicional.

Mis agradecimientos especiales a Mario Gutiérrez Castillo, Carlos Alzamora Vejares, Valentina Gutiérrez, Óscar Valenzuela Díaz, Jorge Medina, Mónica Añazco y Colomba Orrego, por sus aportes profesionales y el apoyo logístico proporcionado.

También agradezco a mi agente, Diane Stockwell, igual a Andrea Montejo, por todo el respaldo entregado. Además, a Erik Riesenberg y Carlos Azula de la editorial C.A. Press de Penguin Group (USA).

Índice

Introducción de Natalie Morales,

corresponsal del programa *TODAY Show*

Es la historia que cautivó a millones de personas en todo el mundo, algunos dicen que hasta billones, que miraron cómo fueron saliendo cada unos de los 33 de las entrañas de la tierra. Lo que ocurrió a lo largo de esos 69 días fue retratado como una historia de unidad y valentía —la celebración de los héroes, los 33 mineros que sobrevivieron lo imposible al igual que los logros de toda una nación que trabajó al unísono para lograr el rescate más espectacular de todos los tiempo. Todos sabemos como terminó, por supuesto, pero eso no impide que tengamos curiosidad de saber qué sucedió exactamente con cada día que pasaba. ¿Cómo sobrevivieron esos primeros 17 días sin comunicación, sin comida y sin agua? ¿Quienes son los 33? ¿Qué se está guardando el gobierno chileno y por qué? ¿Hay algo en la historia de este rescate que no se haya contado?

Es posible que nunca sepamos del todo lo que ocurrió en la mina San José en el desierto de Atacama, pero *Vivos bajo tierra* por el celebrado periodista chileno Manuel Pino Toro nos hace un recuento de cómo se desenvolvió la historia y cómo cada uno de esos 33 mineros jugó un papel fundamental en su supervivencia y su rescate. Afortunadamente yo también estaba entre los casi dos mil periodistas que estaban allí para presenciar aquel momento histórico porque de no haber sido así no sé si podría creer realmente lo que sucedió. Manuel Pino Toro relata cómo ocurrió el milagro y embarca al lector en un viaje de momentos tanto increíbles como dramáticos. Es una historia que no deja de fascinar y Pino, como uno de los periodistas más respetados de Chile, tiene una perspectiva única para contarla.

VIVOS
BAJO
TIERRA

Introducción

Al sur de Santiago de Chile, a unos 600 kilómetros se encuentra la mina de carbón de Lota. Son cinco mil metros de túneles que se sumergen en el Océano Pacífico. Estuve ahí para realizar una nota de prensa poco antes del 27 de febrero de 2010, cuando esa zona fue azotada por el quinto terremoto más grande registrado por el hombre: 8.5 grados Richter.

Esa experiencia bajo el mar me marcó, al percibir el calor sofocante, el espacio reducido al punto de cruzar de un sitio a otro casi de rodillas...y ver el rostro abatido de un minero en plena faena.

Cierto, de la vida de estos hombres se ha escrito, pero la más acabada descripción es incompleta cuando se retrata a estos trabajadores que salen de sus hogares modestos de noche para entrar en la oscuridad del mineral y golpearlo mientras la piedra transpira y luego se agrieta.

Asimismo, mucho se ha contado de los mineros del norte de Chile, una zona salitrera y cuprífera, donde la historia comenzó con la extracción de plata, en Chañarcillo, el mineral que hizo a esta tierra ser la primera en contar con ferrocarril en Sudamérica por la necesidad de transportar materiales, víveres y pasajeros.

A pesar de la abundancia de crónicas escritas al calor de dichas explotaciones, se suma una nueva narración que de no ser verdad, resultaría improbable.

A 800 kilómetros al norte de Santiago, en pleno desierto de

Atacama, pasado el mediodía del 5 de agosto de 2010, el tiempo se detuvo para dar inicio a un relato sobre faenas bajo tierra que comenzó como un derrumbe más en la pampa chilena para transformarse en un hecho noticioso que traspasó las fronteras nacionales y terminó siendo transmitido en vivo por las principales cadenas de televisión para millones de personas en todo el mundo.

Una roca gigante bloqueó el acceso principal de la mina San José, cercana a la ciudad de Copiapó, dejando atrapados a 33 mineros por 69 días.

Este accidente, que ha puesto nuevamente de manifiesto la inseguridad que se vive al interior de los yacimientos, fue como volver a Lota, donde ya no se extrae carbón por su alto costo, o a Chañarcillo, donde la plata se agotó y con ello el sueño de generaciones que más al norte habían encontrado esperanzas en el salitre.

Ahora toda esperanza se alimenta del cobre, y ha sido esa palabra la tabla de salvación para las familias de 33 obreros que han quedado sepultados en la mina San José.

En Lota el tiempo está suspendido y todo es pasado, pero en el desierto no ha sido la voluntad del hombre sino el capricho de la naturaleza la que ha paralizado las faenas y puesto en vilo la vida de muchos.

También recuerdo, al esperar mi turno para timbrar pasaporte al reingresar a Chile por el aeropuerto de Santiago, el auxilio que me solicita la agente de policía internacional frente a un joven de raza oriental, como si yo fuera capaz de comprender lo que decía.

No hablaba más que su lengua y no podía expresar su propósito al visitar el país.

Sin más que resolver, la mujer le timbra el pasaporte: "Le

he dado 30 días, son chinos y vienen a trabajar de mineros". Junto con agradecer mi vano intento de interlocutor, encoge los hombros y me da la bienvenida.

Me marcho y persigo al joven "chino", pero lo pierdo, pues ni siquiera retira equipaje. No dejo de pensar si el país está importando trabajadores o importando esclavos.

Me pego a la radio y recuerdo Lota. No me cuesta imaginar cómo será estar en el yacimiento San José, sino cómo habrán resistido el derrumbe, porque los mineros que he entrevistado a kilómetros bajo el mar me han parecido seres demasiado fuertes para medirse con un citadino.

Busco afanado una proyección para decir, sí, están vivos, pero la racionalidad apunta en otra dirección. Un bloque de piedra se ha desprendido y resulta inamovible a la entrada al mineral.

Es invierno y el desierto es frío. El clima lo regula la corriente de Humboldt, que surca el Pacífico y nubla por las mañanas la costa chilena, con una espesa nube conocida como "camanchaca".

La tarde permite ver un cielo azul profundo y la noche hasta los confines del universo. La bóveda celeste invita a buscar qué hay allá afuera, a desentrañar los misterios estelares. Los observatorios astronómicos proliferan en el desierto atacameño.

Desde ahora, la tecnología más avanzada no sólo apuntará hacia arriba, sino que enfocará al fondo de la tierra. Gobiernos de una decena de países se disponen a colaborar con las tareas de rescate de los 33 mineros de Atacama.

Me llama la atención la respuesta de todos los sectores por los atrapados obreros, trabajadores que en Chile no gozan de mayor protección por el tipo de faenas que desempeñan.

El ritual de la tragedia, con todas sus expresiones que terminan en el camposanto, es recurrente. Y también lo es que nadie responda por ello y, aunque en las primeras investigaciones se persiga a los responsables, los juicios terminan, salvo excepciones, en condenas leves y con demandas civiles eternas. Así, la mayor tragedia termina siendo lo que viene después.

Y repaso lo que ha sucedido seis años atrás en Río Turbio, en la Patagonia argentina, donde un mineral de carbón ha atrapado a obreros chilenos, que casi a diario cruzaban la frontera para ganarse la vida junto a sus pares argentinos. El gas Grisú se acumula en la extracción de carbón y se produce por la fricción que genera metano y su mezcla con el aire. Una explosión es casi inevitable. Escapan 37, sin embargo, 14 quedan atrapados a 600 metros de profundidad y a 7 kilómetros de la boca de la mina. El rescate reporta 14 muertos, tres de ellos chilenos. En la San José se trata de cobre, y eso da otra esperanza, pues ese elemento incendiario no está presente.

Y luego digo: ojalá no tiemble, porque el 2010 ha sido el más sísmico, por intensidad, en décadas y el norte ha sufrido dos terremotos en poco menos de diez años. Copiapó ha librado de cataclismos en una centuria y sumo más esperanza, que el avance del reloj comienza a restar.

Pareciera que el Chile más individualista deja espacio al solidario, al comunitario. Las clases sociales tan marcadas se diluyen en la emergencia. Ha comenzado un movimiento que no se advertía en otras alarmas por un derrumbe minero. Surge la interrogante si un periodista con más canas, con más años de reporteo, por haberse enfrentado a otras tragedias necesarias de informar, se hace indolente.

De momento es un derrumbe, es cierto. La prensa se abre a la especulación y ello invita a desconectarse. No hay datos nuevos y la repetición va quitando interés al hecho que, por ese factor, sólo retoma fuerza en los medios de comunicación, pues nada nuevo se conoce cuando la noche ha caído en la capital, 850 kilómetros al sur de la mina San José, y vuelvo a casa.

Pero no han pasado 48 horas y el desierto me despierta en la ruta. Tal vez los hayan sacado, no tengo noticias. Volveré repetidas veces con la misma interrogante, con la esperanza de buenas nuevas, pero arrastrando diálogos con expertos y con autoridades más racionales. No es fácil perforar la roca y, a 700 metros, extraer una aguja desde un laberinto.

Pero en este relato están quienes abrieron la esperanza, quienes la habitaron y quiénes la sufrieron. El hombre se ha unido para superar sus limitaciones, sus diferencias, por la mayor de todas las causas: la vida.

Es la causa que la humanidad seguirá cada minuto, haciendo propio el sentimiento que en estas páginas, cada relato reporteado en el lugar, ha querido plasmarse diáfano.

1

✦

El turno maldito

Ximena Fuentealba desmenuza un trozo de pollo y lo deja ordenado, uno junto a otro, en medio de un fresco pan batido que trae crujiente desde el almacén, donde acaba de hacer la compra.

Pan batido es como se conoce en varias provincias de Chile y, principalmente en todo el norte, a esa masa de harina horneada y que en su superficie va partida en dos, lista para abrir, quien quiera comerla en mitades.

En Santiago tiene el nombre de *marraqueta*. Es el alimento vital en el menú chileno. Si cuando nace un hijo o hija y a la familia le comienza a ir bien en el trabajo, se dice popularmente: "el bebé venía con la marraqueta bajo el brazo".

Ximena prepara con esmero uno y otro sándwich, sumando decenas que debe repartir como parte de la comida de los que trabajan en la mina San José. Los envuelve en servilletas de papel blanco y apila casi sin mirarlos, porque sabe que han quedado precisos a raíz de su larga experiencia en el arte de cocinar.

Como es habitual, a la una de la tarde ya tiene preparadas las colaciones para el personal. Todo está listo.

Es un día más...

En la cocina, a muy pocos metros del pique, la mujer mira su reloj y se apresura. A las dos sale el turno del día, son sus regalones, los que se devoran todo lo que ella prepara. "Usted Ximenita tiene una mano de monja pa' la cocina...", es la frase que escucha con frecuencia y la llena de orgullo. No les puede fallar. Reconocido es que las religiosas hacen de la repostería una virtud. De ahí surge la expresión.

Hoy, 5 de agosto faltan veinte minutos para que suene el timbre que marca el recambio de trabajadores y todo está exactamente igual que siempre.

Pero de pronto, el lugar, construido en un contenedor, se estremece. Un inusual y fortísimo movimiento de tierra, junto a un ruido ensordecedor, inquietan a Ximena.

"Es un temblor", piensa de inmediato, considerando que Chile es un territorio sísmico y el país recién se levanta del terremoto del 27 de febrero de 2010, que arrasó con parte de la región sur.

El sonido rebota por todos lados y su origen cavernoso, como de ultratumba en las películas, lo siente demasiado cercano. Es como si la tierra estuviera revolcándose justo a su lado. El crujido no cesa.

Ximena arroja los utensilios de cocina sobre la mesa y sale del lugar a zancadas para ver qué ocurre. Una espesa nube de polvo se esparce desde la boca de la mina. La escena parece una hecatombe. Evoca imágenes conocidas sólo en tiempos pretéritos, como si fuese el bombardeo al Palacio de la Moneda del 11 de septiembre, en 1973.

El paso de los minutos es indescifrable, los operarios corren de un lado a otro, al igual que Ximena. Las sirenas no paran y el pánico recorre el yacimiento, ubicado en pleno desierto de Atacama, a pocos kilómetros de la norteña ciudad de Copiapó.

—¡Es un planchón, un planchón! —grita desesperada. Se refiere a la jerga minera para definir un derrumbe dentro del socavón.

Luego del estruendo no se tienen noticias. Hay polvo y silencio del otro lado del portal. De este, sirenas y gritos. Nadie sabe si los trabajadores del turno han logrado escapar o si el infierno los atrapó bajo su puño.

Los nervios y la desesperación hacen que Ximena Fuentealba pierda el control. Intenta, casi inerte, acomodar su pelo como si ese movimiento la ayudara a disipar su intranquilidad. Está preparándose para intentar el socorro. Atrás, en el comedor se ve una caja apilada de sándwiches que no saciarán apetito alguno.

Los trabajadores agrupados en la superficie se mueven en distintas direcciones. Tropiezan y chocan entre ellos, gritan sin saber qué pasos dar, mientras el maldito polvo sigue flotando, burlesco.

Ahora Ximena teme lo peor, aunque la esperanza de ver a sus regalones afuera del pique no la pierde. Sí, el estruendo la mantiene casi inmóvil junto al contenedor. Su pelo está acomodado y ahora lleva sus dos manos a la boca, como queriendo impedir que se le salga el alma de la impresión. Tiene esperanza, pero el silencio que hay del otro lado la invita al desánimo. Luego junta sus manos y las une a su frente, como queriendo pedir a Dios y La Virgen, y así pasan los segundos y las primeras horas, y del otro lado, sólo silencio.

Lo único cierto es que algo muy grave ha ocurrido, piensa abrumada.

Instantáneamente, en Copiapó la mala noticia se esparce a raudales por los propios técnicos de la mina. Los dueños del yacimiento tratan de mantener en secreto lo ocurrido. Sin embargo, y como siempre, la verdad se torna incontenible.

¡Urgente, urgente!

La preocupación se multiplica entre los habitantes de Atacama. Conversaciones se repiten en paralelo entre quienes se van enterando del accidente...un accidente del que muy poco se conoce en el minuto.

—Quedó la cagada, papá. Los niños no se salvan.

—¿Qué pasó, hijo?

—Colapsó la mina y no se sabe cuántos hay ahí adentro. Sólo un milagro los puede salvar.

—¿Pero quién te contó?

—Lo escuché en la radio.

Así como Ximena, José Vega no puede ni quiere creer el perverso anuncio que acaba de oír de la seca voz de su hijo Jonathan.

Su rostro acusa el impacto, como el de un avión contra la montaña.

Completamente desfigurado y descompuesto, repite en silencio una y otra vez la frase que se duplica millones de veces en su mente, "Es terrible, es lo peor...".

Con una fuerza que desconoce su procedencia, mantiene el auricular del teléfono pegado a su oreja derecha, hinchada por la presión arterial que se alza en su cuerpo abruptamente.

Guarda un silencio sepulcral, al tiempo que muerde sus uñas con rabia, con pena, inundada de angustia.

Al otro lado de la línea Jonathan levanta la voz con desespero.

—Papá, papá...¡conteste!

José Vega no responde y corta repentinamente la comunicación.

Este experimentado, minero de 70 años, está solo en su casa de la población Arturo Prat de Copiapó, una villa que recuerda con su nombre a quien es considerado, para muchos, el máximo héroe naval de Chile.

El resto de la familia se encuentra fuera de casa cumpliendo las tareas habituales para el que debería ser un día más de agosto, acompañado sólo del frío invernal.

El teléfono suena insistente, pero José está sumido en un letargo endemoniado que le impide reincorporarse. Inmutable, incapaz.

Su cabeza ha viajado hasta el yacimiento que irónicamente lleva su mismo nombre, junto al grupo de mineros que, según ha trascendido, estaría atrapado en el fondo del pique.

El teléfono no deja de sonar hasta que Jonathan consigue hacerse oír por su padre.

—¿Qué pasa, papá, por qué no contesta?

La respuesta de José se transforma en un mandato que Jonathan debe cumplir:

—Hijo, anda a pedir permiso a tus jefes porque nos vamos de inmediato a la mina a ver qué pasa con tu hermano. Partiste —le ordena sin opción a respuesta.

—Vámonos al tiro, papá.

—No me porfíes y hazme caso, mira que yo voy a preparar un plan de rescate. Vamos a ver lo que está sucediendo con los niños, tenemos que hacer algo rápido.

En ese instante José Vega corta el teléfono y parte raudo al cuarto de su casa por herramientas que le puedan servir para lo que quiere...salvar a los "niños".

Mientras todo esto ocurre en el norte del país, desde Santiago comienzan a interrumpirse las transmisiones de radio y televisión para informar a medias, y en absoluto desorden e ignorancia, de lo ocurrido: que un gravísimo accidente afecta a esta hora a una mina en las cercanías de Copiapó.

Los periodistas informan repetidas veces lo mismo, buscando dar tiempo a los corresponsales para llegar al lugar. De momento, información vaga y redundante inunda las emisiones radiales y todos esperan a que puedan comunicar algo con más sentido y precisión, más coherente, más real de lo que está pasando.

Todo es confusión y las cadenas noticiosas desplazan su interés hacia esta noticia "en desarrollo", como se suele decir cuando se sabe poco de lo que se intenta advertir. Nadie, horas después, explica qué ha pasado, ni menos la proyección del hecho trágico.

Nada se sabe en Santiago. Nada siquiera en el lugar del derrumbe.

2

✦

"Hay que parar la olla"

Los desprendimientos de roca no son un evento nuevo en la mina San José. El yacimiento lleva más de 100 años de explotación —desde 1881, como indica el letrero de carretera instalado a su llegada— y su interminable rampa de acceso llega casi hasta los 800 metros de profundidad.

Es tal la intensidad y la complejidad del trabajo, que los mineros más antiguos han denunciado innumerables veces que se extrae el cobre y oro desde, incluso, los propios pilares que sostienen las toneladas de roca sobre sus cabezas. Un riesgo latente a cada segundo.

El lugar tiene fama en toda la región de ser inseguro y de haber sido mal trabajado, sin tomar en cuenta el peligro para los mineros. Pero también hay un hecho innegable: es una fuente laboral, algo que no puede desperdiciarse en una zona eminentemente minera, en la que la mayoría de sus habitantes no manejan otros oficios.

Es complicado el mineral San José. Los operarios lo saben, sin embargo es una buena oportunidad económica para ellos, hombres curtidos, acostumbrados al riesgoso oficio practicado bajo tierra...y, como sea hay que trabajar, "hay que parar la olla", como se dice en Chile a la obligación de tener recursos para alimentar a la familia.

Al yacimiento llegan bomberos y una ambulancia. Ximena Fuentealba le pregunta a uno de los jefes del grupo si los mineros están vivos.

—No lo sabemos —responde, severo y sin mirar, un hombre vestido con chaqueta de cuero negro, botas del mismo color y casco sostenido en su mano izquierda.

En este momento Ximena se acuerda de sus sándwiches. Siguen agrupados sobre la mesa esperando a los comensales que, todo indica, esta vez no llegarán. Las emociones apiladas en desorden en su interior la hacen explotar. No puede contener sus lágrimas ni regular su agitada respiración.

Transcurre un par de horas y empiezan a llegar algunos familiares de los trabajadores, avisados vía celular por los operarios del turno. Son los que entrarían tras el accidente y que contemplan todo el drama desde la superficie. Son amigos y conocidos de los que quedaron abajo.

Hasta este minuto nadie tiene clara la magnitud del suceso. Las especulaciones crecen y se multiplican, se contradicen, se confunden y confunden aún más a las familias y al resto de Chile que ya sabe del desastre y sigue atento a las peregrinas noticias.

En una zona como el desierto chileno, repleta de enormes minas y piques más pequeños, es común que ocurran caídas de rocas. Sin embargo, son pocos los casos en que los mineros quedan atrapados. Por eso, los parientes que han llegado hasta la San José esperan encontrarse pronto con sus familiares y llevarlos de vuelta a casa. La fe es frágil, pero está presente.

No imaginan, ni quieren admitir, que todo el grupo de trabajo ha desaparecido bajo la tierra y que la espera, esta vez, se prolongará mucho más de lo que cualquiera pueda suponer.

—No salió ninguno —aseguran los encargados de la mina.

Una y otra vez chequean el listado de trabajadores. Son 33. Demasiados. La incertidumbre es la morbosa dominante de la escena.

—Vamos a entrar cuidadosamente, porque la mina está

viva todavía y se está asentando —es la orden. Resulta peligroso, pero hay que ver en qué parte se cortó la verdadera escala de caracol gigante que conforma el camino al interior del cerro.

"¿Alguien sabe si abajo en el refugio se habían renovado los víveres?" es la pregunta que empieza a cundir. Ante la eventualidad de un rescate que se prolongue por más de un día, es plausible y necesario pensar qué van a comer los hombres atrapados.

El joven al que se le ha encargado la tarea no puede creer en su buena intuición. Ese mismo día, después de varias semanas de ver vacía la caja de emergencia dispuesta en el taller, al fondo del pique, por fin renovó el agua y llevó latas de atún y galletas. Abajo, entonces, hay alimento para 48 horas. "Gracias Dios", reflexiona sin afanes de retribución por su tino.

Las horas caen sobre la pampa, la ansiedad sube entre la gente y de los dueños de la mina nada se sabe. Simplemente no están donde deben estar, allí, en el sitio de la tragedia. "Ellos tienen que hacerse cargo del rescate", se escucha decir, pero su ausencia, sumada a las seis eternas horas transcurridas, no logran otra cosa que la confusión se apodere de todos en el lugar.

La gente que llega se sienta en las rocas. Otros deambulan por los senderos levemente dibujados en la tierra. La mayoría nunca ha estado en la mina, porque a sus parientes no les gusta llevarlos a un lugar tan inhóspito.

Pero ahora, por fin, sienten en carne propia lo que es laborar en medio del desierto más árido del mundo, rodeados de dunas y sequedad. Ahora entienden tan bien el sacrificio diario de aquellos hombres por ir y volver para asegurar el sustento de sus seres queridos. Aquellos hombres, de los que hasta el crepúsculo nada se conoce.

A Dios le pide

Es tarde y llega el bus que todos los días traslada a los trabajadores de vuelta a Copiapó. Esta vez nadie se sube. Solamente Ximena se sienta y habla —en frases a borbotones por el nerviosismo y los saltos del camino— con el conductor, quien la escucha impávido, asiente y mira a su izquierda eludiendo la realidad.

—Es terrible, muy terrible lo que está pasando —le dice. Ximena no quiere irse sin noticias, pero confía en que mañana ya estará todo resuelto, que podrá ver a los mineros de vuelta en la superficie. Eso ruega a Dios, mientras la máquina sigue comiendo el polvo metro a metro.

Dos horas después está en su casa y urge saber noticias. Nada más abrir la puerta enciende el televisor. El lugar donde ella trabaja está en todos los canales. Algunos comentaristas, ya más informados, hablan de la peor tragedia minera en la historia de Chile. Conmocionada, Ximena apaga el aparato. No quiere ver, pero intuye que la realidad es mucho peor a lo imaginado.

"Son demasiados"

Ya es de noche, una noche atroz. La noticia del derrumbe sigue esparciéndose como un reguero de pólvora. El presidente Sebastián Piñera, que lleva solamente cinco meses de mandato, se entera a través de una llamada del ministro del Interior Rodrigo Hinzpeter, apenas llega a Ecuador. Es el comienzo de una gira que debería haber culminado con su asistencia a la ceremonia de asunción del presidente Juan Manuel Santos, en Colombia. Según testigos del momento, Piñera aprieta su mano al teléfono, queda estupefacto por un instante, mira, piensa mientras hunde sus dedos en el cuello de su blanca camisa en un gesto de nerviosismo que no se le veía hace meses.

La cifra de los 33 le preocupa. "Son demasiados", reflexiona el Presidente y le responde a Hinzpeter. De inmediato ordena al ministro de Minería, Laurence Golborne, quien lo acompaña para la suscripción de dos convenios comerciales con el gobierno ecuatoriano, agilizar las firmas por la mañana y volver a Chile para estar en el lugar del derrumbe.

Golborne ha sido informado paralelamente, a través de un mensaje de texto de su subsecretario Pablo Wagner. Rápidamente le ordena viajar enseguida a la zona y enviarle cuanto antes un detallado informe de las condiciones en que se encuentran los mineros enterrados.

Luego, un vuelo de Taca traslada a Golborne desde Quito, vía Lima, a Santiago. Ya en la capital chilena se dirige raudo al Grupo 10 de la Fuerza Aérea de Chile FACH, recinto militar ubicado junto al aeropuerto internacional de Pudahuel, desde donde despega en un avión hacia Copiapó. Llega a las tres de la madrugada. Una hora más tarde, el ministro ya está en la mina.

En tanto, durante la madrugada las tareas están bajo la coordinación de la ministra del Trabajo, Camila Merino, quien tiene amplia experiencia en el sector minero, por haber trabajado 12 años como gerente de Soquimich (Sociedad Química y Minera de Chile).

Todos sus esfuerzos se concentran en el ducto de ventilación del cerro, corredor que, de estar libre, permitiría la salida lenta de los atrapados. De mañana temprano, Merino hace la primera declaración del gobierno:

"Hay dos entradas a la mina, la rampa, que tiene ocho metros de ancho y por la que pueden circular camiones, no es una posibilidad porque está totalmente colapsada, la solución es la ventilación. Ese ducto está despejado, pero tenemos que trabajar con cuidado porque si provocamos un derrumbe ponemos en riesgo a los rescatistas y también ponemos en riesgo la posibilidad de sacar a la gente rápidamente. Si se nos colapsa la ventilación, tenemos problemas".

El operativo de rescate se mueve sigilosamente. No se puede permitir ningún error por apresurarse. Un movimiento en falso podría ocasionar un derrumbe mayor. Todavía no está claro si el tubo de ventilación está operativo y si puede ser útil.

Tampoco se tiene certeza de que los 33 se encuentren en el refugio, supuestamente la zona más segura del pique, ni hay conocimiento seguro sobre los víveres disponibles.

"La información que nosotros tenemos es que el refugio es para 72 horas. Esperamos que la gente esté en ese lugar, pero todavía no lo hemos comprobado. Estamos poniendo todo de nuestra parte para que esto se solucione lo antes posible", afirma la ministra Merino a los periodistas que ya han llegado hasta el yacimiento. Varios de ellos son los rostros principales de las cadenas televisivas más importantes del país, que han dejado sus cómodas oficinas y el maquillaje de rigor antes de entrar al set para instalarse cómo puedan en unos de los sitios más inconfortables del planeta, para "informar desde el lugar de la tragedia".

Ya forman parte de esta historia.

La intendenta de Atacama, Ximena Matas, la principal autoridad regional, llega apurada hasta el cerro que cubre el pique. Nacida y crecida en Calama, otra ciudad minera —por lo que conoce este rubro desde su niñez, cuando su padre prestaba servicios de transporte a la mina de Chuquicamata— la intendenta aclara que todas las esperanzas están cifradas en el refugio. "Esperamos que ellos estén en un sector donde no ha habido derrumbe y donde, además, hay un lugar especial que se habilita para emergencias."

—Ese refugio cuenta con oxígeno, alimentación y agua —señala absolutamente confiada. O, al menos, esa confianza desea transmitir.

Con su chaqueta roja (tenida oficial del gobierno) y un casco, la rubia figura les habla a los familiares, que ya conforman un numeroso grupo.

—A estas minas se ingresa por una rampa, que es como un camino que va bajando, dando vueltas, y hay una parte donde está el derrumbe. Por lo tanto, no se puede seguir avanzando, pues hay grandes toneladas de mineral.

A su alrededor el plan de emergencia ya está desplegado. Ciento treinta rescatistas trabajan arduamente, hay cinco camionetas destinadas a salvamento y comunicaciones y un grupo especial de avanzada minera, procedente de la mina Michilla, ubicada al norte de Antofagasta.

Entre los colaboradores, están un conocido y ducho rescatista de la zona y Don José Vega, quien ha conseguido sortear las medidas de seguridad dispuestas en el perímetro del yacimiento para ingresar con sus equipos y herramientas en busca de uno de sus hijos, Alex Vega.

ACCIONES TEMERARIAS

El minero José Vega, quien ha llegado a toda marcha desde Copiapó, se une a un grupo de socorristas que se alista a revisar los ductos de ventilación que de momento se vislumbran como la única vía para liberar a los mineros cogidos por el pique.

En pocos minutos intercambia opiniones con el resto de los hombres que al igual que él, desconocen a ciencia cierta la real magnitud del colapso. Sin embargo, sus años de experiencia en la pequeña minería le indican que el accidente es grave.

Mientras José Vega prepara equipos de seguridad junto a los demás rescatistas, su numerosa familia que lo acompaña se une a otros familiares de los mineros atrapados que poco a poco han ido llegando al lugar para reclamar informaciones. Paulatinamente se va formando una masa humana en pleno desierto, ajena a las habituales labores que se desarrollan en ese yacimiento.

José Vega está ansioso por ingresar a la mina. No obstante, deberá esperar un largo rato hasta conseguir relevar a otro equipo de socorristas, liderado por el destacado bombero Pedro Rivero, quien desde hace un par de horas busca la manera de dar con el paradero de los hombres desaparecidos.

A esa hora Rivero se encuentra en plena faena al interior del pique. El intenso calor y el espacio reducido de la chimenea que intenta examinar no impiden que se mueva con cierta facilidad. Desciende amarrado a una cuerda hasta los 295 metros. En ese punto se detiene. Busca visualizar, en medio de la oscuridad, lo que hay a su alrededor.

Necesita saber si aún se registran derrumbes dentro del pique. Esa información es fundamental para evaluar las condiciones de seguridad y así continuar con la arremetida.

Sigue bajando lentamente. La acción es aún más temeraria. Pedro Rivero pide más cuerda a sus compañeros que lo sostienen desde la superficie. Desciende otro par de metros y, en una mejor posición, ya detenido, se encuentra con un panorama fatal: frente a sus ojos se divisa una gran muralla, gigante como su corazón, imponente como la propia muerte.

No hay caso. Imposible seguir avanzando.

Esto es un colapso total, no un simple derrumbe, concluye abrumado.

3

"No existen vías de escape"

Están por cumplirse 48 horas desde que la amarga noticia del accidente ya es comentario en el mundo entero. Comienzan a conocerse las historias familiares, una a una.

Lilianet Ramírez tiene a su esposo, Mario Gómez, entre los atrapados. No ha recibido ninguna noticia de él, está inquieta. Mario, de 63 años, es uno de los de mayor edad en su turno. Vital y fiestero, es el primero en bailar en las celebraciones y se destaca siempre por su buen humor. Nadie apostaría por la edad que tiene, sino por varios años menos.

Él le había dicho que no confiaba en la seguridad de la mina San José. Siempre le comentaba que estaban cayéndose planchones y hacía poco que un joven se cortó la pierna allí mismo. Ella además tiene a un sobrino que se quedó inválido debido a un accidente en la mina.

Lilianet trata de animar a las mujeres más jóvenes. En esa labor la interrumpen y la llaman hacia una pequeña carpa blanca dispuesta en medio de las rocas. Es el equipo de emergencia, compuesto por un siquiatra y tres sicólogos además de cuatro asistentes sociales. La reconfortan cuando le dicen que la tarea de ellos es ayudar a los familiares a soportar la espera, pero la descolocan cuando le comentan que también están allí para prepararlos ante los posibles desenlaces infelices.

Asimismo, en el Hospital Regional existe una sala especial para atender a los familiares y, al mismo tiempo, un teléfono celular para que se informen de la situación de los atrapados.

El pensamiento de Lilianet recorre entre la confianza en que las medidas han sido adoptadas y la certeza de que nadie asegura nada. Su conclusión: inseguridad. Su arraigo: la fe en que todo saldrá bien.

El gobierno regional emite un comunicado. En ese momento, todos los medios nacionales están esperando información.

"Como Comité Operativo de Emergencia del Gobierno Regional, estamos desplegando todas las acciones, recursos humanos y materiales para atenuar los efectos de este grave accidente que ha afectado a trabajadores de nuestra región y confiamos en el éxito de esta labor especialmente en lo que se refiere a la vida e integridad de los trabajadores atrapados", reza el papel. La autoridad también pide a la comunidad a no subir a la zona afectada, para no entorpecer la labor de los profesionales que trabajan ahora en la San José.

Sin noticias ni confirmaciones la situación es evidente: los familiares continúan inquietos. Muchos yacen sentados sobre rocas gigantescas o se sientan en sus propias sillas y bajo los quitasoles que han llevado para esperar. Se reúnen en círculo ante Javier Castillo, uno de los miembros del sindicato de la mina. "Desde el 2003 que estamos diciendo que no se puede trabajar en este lugar. El Sernageomin (organismo estatal encargado de fiscalizar las condiciones de trabajo en las mineras) no ha sido capaz de decretar el cierre", declara empuñando sus manos de ira.

La minera San Esteban, propietaria de la San José, ha enfrentado reiteradas denuncias por las precarias condiciones de seguridad de sus trabajadores. En 2007, los mineros de la empresa, en conjunto con sindicatos de otras firmas que prestaban servicios a la minera, presentaron una denuncia ante la Corte de Apelaciones y al Sernageomin por la muerte de tres mineros en las obras de la citada mina y también en el yacimiento San Antonio. Por ello, en esa época los trabajadores pidieron el cierre del pique, lo que no nunca ocurrió. Además, en julio de 2010, un trabajador identificado como Yino Cortés sufrió un grave accidente donde perdió una de sus piernas, pues mientras se desplazaba a almorzar un planchón le cayó encima. El hombre de 40 años se desempeñaba como fortificador, labor que busca justamente evitar el desprendimiento de planchones al interior de las minas.

NUEVO INTENTO

Sin embargo, las últimas informaciones que maneja Javier Castillo son las que causan mayor impresión entre los parientes. "No existen vías de escape", asegura. La gente tapa con las manos sus bocas abiertas y abren sus ojos de puro estupor, mientras otros bajan la mirada para no evidenciar sus emociones.

A pesar del pésimo anuncio de Javier Castillo, el rescatista Pedro Rivero no se rinde. Cree encontrar salida. Se prepara para una nueva arremetida en otro sector del yacimiento. Él no admite la derrota, como ninguno de sus compañeros que lo acompañan.

Prepara un nuevo descenso, ahora con mayor cuidado porque este otro sector del ducto de ventilación está aún más agrietado; al frente, atrás, en todos lados.

Decide hacer una base en el nivel 295 de la chimenea y ahí instalar una plataforma para emplazar a ese lugar todos los equipos de rescate. Desde ese punto iniciarán un nuevo ataque hacia niveles inferiores en busca de los 33 mineros.

En pocas horas la estructura de madera ya está construida

y debidamente instalada. La base soporta bien el peso de los socorristas, equipos y herramientas.

Pedro está inquieto, nervioso, preocupado por la suerte de los trabajadores que aún no encuentra, pero sabe que no puede aflojar en esta tarea de salvataje, tal vez la más importante de su vida.

Uno de sus compañeros, Pablo Ramírez, se prepara para continuar el descenso. Junto a Pedro largan 200 metros de cuerda hacia abajo. El cáñamo cae hasta perderse en el vacío. Luego, Ramírez se detiene y lanza una advertencia:

—Pedro, el lado derecho de la chimenea está fracturado, el ducto está cubierto de tierra y más abajo la situación puede ser peor.

Pedro no responde. Ambos se miran sin decir palabra. Ramírez alza sus cejas como admitiendo resignación. Este silencio sella de inmediato un pacto de unidad que los obliga a no escatimar esfuerzos, ni evitar riesgos, para hallar con vida sus colegas mineros.

La fe se desmorona

—Tengo pena, me toca el corazón —anuncia Laurence Golborne a los familiares, a quienes se les había adelantado durante la noche que probablemente habría novedades dentro de ocho horas.

El ministro Golborne, quien se ve enfrentado a una de las situaciones más complicadas que pudo imaginar, intenta mantener la calma. Sube el cierre de su chaqueta, estira sus piernas ya cansadas entre el viaje desde Ecuador y las horas de pie en vigilia a las afueras de la mina, e informa.

—Las noticias no son auspiciosas. No hemos logrado tener

contacto. En la chimenea donde se estaba bajando se produjeron nuevos movimientos y algunos rescatistas tuvieron que salir nuevamente para poner a salvo sus vidas —explica.

Este día ya no hay más sonrisas ni esperanza. Por primera vez los familiares piensan que será imposible llegar hasta los mineros. Este día la fe se deshace como el polvo tras los remolinos de tierra del desierto en su media tarde.

Sin embargo, la operación se agranda, pero se piensa que tomará más tiempo de lo previsto. Así ya se prepara una misión aérea para llevar a los posibles mineros rescatados al hospital de Copiapó...en algún momento.

Una empresa privada cede dos helicópteros y un Twitter Otter, totalmente equipados con instrumentos de primeros auxilios.

En el yacimiento otros socorristas, como el minero José Vega, prosiguen en el ducto cumpliendo tareas de asegurar el terreno con madera en las zonas más débiles. El subsecretario Pablo Wagner afirma que hasta la fecha hay circulación de aire en la mina, pero no se sabe si lo hay más abajo.

8 DE AGOSTO

Sin que nadie lo note, porque la conciencia y la racionalidad se han extraviado entre tanto latido de desespero, ya ha pasado bastante tiempo desde la tragedia y una figura vestida de negro con una gran cruz de madera al cuello llama la atención de los familiares. Es el obispo de Copiapó, Gaspar Quintana.

—Llamo a poner en las manos del Señor las vidas de estos hombres, para que les dé fortaleza y esperanza —dice el obispo. También tiene palabras para las familias completas que ya llevaban 72 horas de incertidumbre, y que suman más de 200 personas—. Están viviendo horas de inimaginable angustia —comenta solidariamente.

Mientras las palabras del obispo son asimiladas por los familiares de los trabajadores, ocurre lo inesperado. La minera San Esteban, empresa dueña del yacimiento, se refiere por primera vez al accidente en un intento por enfrentar la infinidad de críticas que ha recibido de la sociedad chilena por su negligencia: falta de cuidado en la seguridad de la mina, pero en especial, por su incomprensible frialdad ante los parientes cuando los hechos se dieron a conocer.

—Lo ocurrido no se podía prever —insiste Pedro Simunovic, gerente de la firma—. No es que hubo una demora en avisar, cuando empezó el evento teníamos que entrar a la mina para cerciorarnos de lo que estaba ocurriendo. Para llegar al lugar nos demoramos varias horas —recalca.

Sobre los accidentes anteriores, dice que fueron superados y es por ello que la empresa ha podido operar. Señala lo que a esta altura, es para todos...insostenible.

LLUVIA DE PIEDRAS Y ROCAS

Han pasado muchas horas desde que Pedro Rivero y Pablo Ramírez sellaron un pacto de unidad frente a las tareas de socorro.

De vuelta en la mina, Ramírez está listo para descender nuevamente por un ducto de ventilación. Ya van tres intentos fallidos. Baja seguro y con la clara esperanza de obtener buenas noticias ahí camino al centro de la tierra. Desciende un par de metros, hace una pausa para acomodar a su cuerpo la cuerda que lo sostiene desde arriba, baja otros metros hasta verse obligado a frenar la operación de forma destemplada.

Sobre el casco de Ramírez caen piedras y tierra. Comienza el desprendimiento de material minero de manera abrupta. En breve, un planchón se precipita al lado de la plataforma que sirve de base para el resto de los rescatistas. El fuerte impacto arrasa violentamente con uno de los cables de comunicación radial. Nadie resulta herido, pero el pánico se propaga entre los socorristas, mientras Pablo Ramírez sigue colgando de una cuerda.

—¡Sácame de aquí, huevón, que esta huevá se fue a la cresta! —grita Ramírez desesperado. Pedro Rivero apenas escucha, pero entiende que debe ordenar el izaje de inmediato.

—Código rojo —retumba el grito del bombero Rivero.

Al instante todos comienzan a jalar con fuerza...y mucha rapidez. Deben salvar a Ramírez antes de que se venga todo abajo. Tiran y tiran la cuerda hasta que consiguen subir completamente su rígido cuerpo.

La orden común es salir de prisa a la superficie porque en cualquier momento se desprende un planchón y puede caer encima de todo el grupo.

Algunos recogen sus enseres de trabajo antes de partir, la mayoría emprende la retirada corriendo, dejando herramientas y sogas tiradas sobre la plataforma.

Con esto, infelizmente los últimos intentos por llegar a los mineros atrapados a través de la chimenea de ventilación han fracasado.

"NO LOS VAMOS A DEJAR SOLOS"

A diferencia de los ejecutivos privados, el ministro Laurence Golborne sigue firme de cara a la gente y a los periodistas.

—Estamos hablando de varios días, probablemente más de

una semana —reconoce, aludiendo a una posible demora en hallar a los mineros.

No obstante, siempre las cosas pueden ser peor...Y es que este nuevo derrumbe, mayor que todos los producidos hasta este momento, termina por sepultar la posibilidad del ducto de ventilación.

El eco del desprendimiento y la salida precipitada de los rescatistas también derriba el optimismo de los familiares. Con el tubo bloqueado hay que empezar desde cero, con un nuevo plan.

Seis máquinas, cuatro de las cuales ya se encuentran en el lugar, perforarán en distintos puntos del yacimiento San José, a un ritmo que, se presume, variará entre 50 y 100 metros por día, dependiendo del tipo de maquinaria y de la roca que encuentren en el camino. Se trata de sondajes múltiples. El objetivo es localizar a los trabajadores, de los que nada se sabe aún, y poder suministrarles oxígeno, agua y alimentos.

Las perforaciones simultáneas están pensadas para minimizar el margen de error. Las faenas no se detienen ni por un segundo. Se impone el temple de sus responsables que se mantienen íntegros, aunque la desesperanza carcoma el alma de quienes esperan y esperan. Los enormes camiones que trasladan las maquinarias levantan la tierra descompuesta en piedrecillas camino al yacimiento, y son saludados por los familiares que se agolpan para observar de cerca la tecnología, en la que ahora depositan su confianza.

Pronto el ruido de los motores de sondaje inunda la mina.

—No los vamos a dejar solos —anuncia con una seguridad contagiosa el presidente Sebastian Piñera, quien, una vez interrumpido su paso por Ecuador, ya está en la zona del desastre—. En mi reunión con los familiares les ratifiqué nuestro absoluto compromiso de hacer todo lo humanamente posible y no escatimar ningún esfuerzo, ningún recurso, para intentar rescatar con vida a los 33 compatriotas atrapados en esa mina.

En privado el presidente Piñera reconoce a sus asesores que la "situación es difícil". En su lógica cree que hay que esperar lo peor, procurando lo mejor.

Mientras, algunos familiares de los mineros protestan por no poder participar en la reunión con el Presidente, que se desarrolló de noche en las oficinas que la empresa tiene en la mina San José y a la que accedió sólo un pequeño grupo.

—Tenemos que estar todos en estas reuniones y no un grupito no más —reclama Darwin Cortez, quien tiene a su hermano Pedro desaparecido en el pique—. Aquí todo el mundo está desesperado en saber noticias de nuestra gente —insiste.

Frente a estas molestias, Piñera explica que era preferible reunirse con los representantes de los familiares para tener una conversación más profunda, para analizar todas las opciones, y más cercana, para transmitirles el compromiso del gobierno y espero que los familiares van a poder hablar, y lo están haciendo hoy con los demás para que todos estén muy bien informados.

9 DE AGOSTO

Han pasado cuatro días desde el derrumbe y, entre la modorra de las horas, el subsecretario de Relaciones Exteriores chileno, Fernando Schmidt, mantiene en Santiago una importante reunión. Invita a la Cancillería a los representantes de otros países con amplio desarrollo minero. Los jefes de misión diplomática de Australia, Canadá, Estados Unidos y Sudáfrica llegan puntuales al encuentro.

Brevemente, el subsecretario detalla la situación en la mina San José y les expone su petición. "Si hay alguna tecnología, algún conocimiento que nos pueda ayudar, lo vamos a solicitar". Los diplomáticos dejan el edificio de calle Teatinos, en el centro de la capital, con la voluntad de consultar a los expertos de sus respectivas naciones, incluyendo las grandes empresas privadas de túneles e ingeniería. Parten comprometidos.

Esa misma jornada el presidente Piñera reitera que se hará "todo lo humanamente posible" para sacar con vida a los mineros. Pide a Codelco, la empresa minera del Estado, que reclute a sus mejores hombres. En la mina El Teniente, el yacimiento subterráneo más grande del mundo, ubicado en Rancagua, Chile, el ingeniero André Sougarret recibe el llamado.

Desde ahora, y bajo mandato presidencial, este ingeniero civil cargará sobre sus hombros la tarea de regresar a la superficie a los 33 de Atacama.

Sus cercanos lo describen como un profesional ejecutivo, querido y de gran carisma, que ha destacado siempre en los cargos que ha ejercido. Ha sido escogido para esta titánica tarea porque es capaz de conformar excelentes grupos de trabajo, y porque sabe escuchar a sus subalternos lo que genera confianza y le permite trabajar en forma muy cohesionada con su gente. Sougarret es casado, padre de tres hijas, quinto de seis hermanos. Tiene 23 años de experiencia profesional y en su carrera se ha destacado por liderar excavaciones en profundidad. Incluso, ha participado en labores de rescate en tres derrumbes de la mina El Teniente.

PRECARIAS CONDICIONES DE SEGURIDAD

En vísperas del Día del Minero —el 10 de agosto— representantes de la firma San Esteben informan que una de las perforadoras ha logrado avanzar unos 200 metros de profundidad en el interior de la mina, casi el doble de lo estimado para un día de trabajo, con el fin de instalar tubos por donde se puedan bajar víveres, considerando que a esta altura, con el pasar de los días, las raciones han fenecido.

Concretamente, los nuevos esfuerzos se concentran en la perforación de agujeros pequeños para llegar a los mineros y, en la eventualidad de encontrarlos con vida, proporcionar alimentos mientras se logra una vía alternativa para sacarlos del depósito subterráneo de cobre y oro, en el socavón derrumbado.

Resulta inevitable que ya empiecen a surgir las reflexiones de rigor. La tragedia, que mantiene en vilo a Chile y al mundo, deja a la luz las precarias condiciones de seguridad de las pequeñas minas que funcionan en el norte del país, rico en minerales y donde cientos de personas arriesgan sus vidas para aprovechar la bonanza de las materias primas. Paradójicamente, Chile ha basado su economía durante décadas en la explotación del mineral rojo.

—Hemos podido constatar con el caso de la mina San José que en muchas explotaciones mineras la seguridad de nuestros trabajadores no está siendo considerada como debería —reconoce el propio Piñera, quien promete quintuplicar el presupuesto del Servicio Nacional de Geología y Minería, con el fin de aumentar el número de inspectores.

4

Lluvia gris

Hoy el cielo es plomizo y se transforma en una mala premonición para los familiares. En el desierto chileno no es común la lluvia, pero cuando llega lo hace con furia. El viento azota las carpas que de a poco se han instalado a varios metros del yacimiento, lo que provoca un intenso ruido de choque, remolinos que mezclan el agua y la tierra lo cual resulta en un lodo indeseable. Los chubascos, que se asoman repentinamente, dejan el naciente campamento, habitado por los familiares de los 33, convertido en un barrial. Todos ponen manos a la obra para salvar sus pequeños espacios de las inundaciones.

Caminando sobre las tablas que ha instalado la gente a modo de improvisado sendero para evitar el agua, los encargados de la Onemi (Oficina Nacional de Emergencias), distribuyen colchones, frazadas, cocinillas y balones de gas que llevan a las familias que permanecen estoicas en el lugar. Además, llevan grandes rollos de polietileno para forrar las carpas.

El Director Nacional de Onemi, Vicente Núñez, se encuentra en el lugar para evaluar en terreno las necesidades, de acuerdo a lo dispuesto por el Ministerio del Interior para la atención de esta emergencia. "Estamos a disposición para brindar todo el apoyo de Onemi en las labores de coordinación operativa y de rescate. Nuestra principal preocupación son los mineros, la protección y resguardo de sus familias, además de la gestión de los elementos técnicos y materiales que se requieran", señala Núñez.

A pocos metros, el general de Carabineros Luis Briceño, jefe de la Tercera Zona de Atacama, se sienta en una silla de plástico. Contempla la subcomisaría móvil que quedará instalada en la mina hasta que finalicen las labores de rescate. Durante las 24 horas del día, esta subcomisaría móvil está a cargo de un oficial de grado de capitán, quien tiene la responsabilidad tanto de acoger las inquietudes de los familiares de los mineros, como de dar todas las facilidades para que estas personas puedan comunicarse, dentro y fuera de la región, en forma telefónica a través de seis celulares que la institución ha puesto a total disposición.

Además, personal de infantería, motoristas y montados, permanecen en este yacimiento resguardando el orden y la seguridad de las más de 500 personas que han llegado a este campamento, a la espera que sus seres queridos sean socorridos.

Uno de los fantasmas que ronda en el campamento es el dinero. Los parientes no tienen medios para mantenerse en el lugar, y recurren a la empresa minera San Esteban, responsable del yacimiento, para exigirles que les entreguen la remuneración correspondiente a los hombres atrapados. En esta cruzada son acompañados por la senadora del Partido Socialista Isabel Allende, hija del fallecido presidente Salvador Allende.

—En relación a los sueldos de cada minero, la compañía San Esteban debiera seguir pagando las remuneraciones a todos sus trabajadores de forma íntegra, hasta que Sernageomin no decrete el cierre de faena —sostiene la parlamentaria—. Detrás de cada trabajador atrapado hay una realidad, hay deudas y compromisos, los que hay que cumplir.

El sueldo no llega y la rabia aumenta.

El descontento entre las familias también se agranda en el campamento con la discusión política que genera la situación. Piensan que se están gastando energías y recursos en cuestiones anexas e inútiles, mientras sus seres queridos siguen bajo tierra. Creen firmemente que esto último es lo único que importa realmente.

En este escenario el diputado Giovanni Calderón, perteneciente a la Unión Demócrata Independiente, partido derechista que apoya al actual Presidente, recalca que "desde la reapertura de la mina, el 2007, hubo más accidentes fatales. Sobre esa base vamos a pedir una investigación de por qué Sernageomin permite la reapertura de esta mina, esta es una investigación que debe llevar adelante Contraloría y definir si las autoridades de la época podrían haber incurrido en un delito al pasar por alto alguna norma legal".

Paralelamente, el Fiscal Nacional, Sabas Chahuán, informa la apertura de una investigación por el accidente. El encargado será el fiscal jefe de la ciudad de Caldera, cercana a Copiapó, que se constituyó en el lugar de los hechos hace dos días. Se investiga si lo ocurrido en el yacimiento corresponde a cuasidelito de homicidio o de lesiones.

Chahuán explica que, respecto a los representantes legales de la compañía minera, se analizará cualquier negligencia que haya existido en la cadena de resguardo exigible al interior de un yacimiento de este tipo. "La única forma para saber si existió un delito es investigar", declara.

Respecto al derrumbe acontecido durante las primeras labores de rescate, el Fiscal no descarta que pueda realizarse alguna diligencia para aclarar si también existe algún compromiso penal imputable a los dueños de la empresa San Esteban.

En una jornada marcada por el arduo reforzamiento de las faenas de socorro con personal de Codelco, la esperanza de los familiares y la decisión del presidente Sebastián Piñera de solicitar la renuncia a tres autoridades del Servicio Nacional de Geología y Minería (Sernageomin), entre ellos el Director Nacional, Alejandro Vio, debido a las anomalías en la fiscalización de la mina San José; el Ministro de Minería, Laurence Golborne, oficializa en la Contraloría la solicitud para realizar un sumario interno en ese organismo gubernamental.

La investigación tratará de "determinar si es que esto efectivamente ha sido de acuerdo a las normativa existente y a las atribuciones que el servicio tiene o debió haber efectuado", comunica el secretario de Estado.

Golborne asegura que se esperará al dictamen del ente fiscalizador, pero que de encontrar algún tipo de culpas penales, "no le quepa ninguna duda de que vamos a actuar con toda la fuerza que el Gobierno tiene", dice con la mirada fija en la seguridad que lo envuelve.

LAS FOTOS DE CRISTINA

Pero nada de esto impide que aumente la población en vigilia en el improvisado asentamiento humano aledaño a la San José.

Cristina Núñez, una menuda mujer que siempre viste de buzo y usa un sombrero jockey para protegerse del sol, camina a toda prisa por entre las carpas. Recientemente los moradores le pusieron por nombre campamento Esperanza, para confirmar su fe inquebrantable y una de las personas que sugirió ese apodo es, precisamente, la mujer del jockey.

Cristina busca ahora reunir a todos los familiares para

acordar una postura general frente a las propuestas de las autoridades. Los quieren desalojar del lugar, les dicen que es por su propia seguridad, pero ella y muchos otros sospechan que es mejor quedarse. Quieren ver en terreno los avances de la búsqueda.

—La desconfianza no siempre tiene que ser mala, tenemos el derecho, son nuestros hombres... —dice apoyando la opción de quedarse mientras las demás aprueban el argumento.

Con su inconfundible pelo negro que le cuelga por la espalda, Cristina aprovecha también de levantar un pequeño altar sobre una roca en recuerdo de su Claudio. Se trata de Claudio Yáñez, operador de explosivos que lleva ocho meses trabajando en la mina. Su rostro moreno y delgado se refleja en una foto que Cristina acomodó en la parte superior del sagrario y que acompaña a otros recuerdos personales.

Estos pequeños altares son comunes en el norte de Chile en homenaje a quienes han fallecido trabajando, ya sea en un yacimiento o en una carretera. Se les llama "animitas" y es costumbre, en el caso de los camioneros, repletarlos de patentes vehiculares. Sin duda, ella espera una mejor suerte para su hombre, aunque insiste en sus resquemores.

—Me decía que era inseguro —reconoce Cristina—. Una vez cayó a su lado una roca como de cincuenta kilos. Si no alcanza a correrse, lo habría matado —relata.

Por eso cree en la buena estrella de su pareja y sabe, aunque nadie puede asegurarlo, que él está vivo. Sueña con su salida y espera que juntos puedan volver a su casa en Santiago, en la populosa comuna de San Bernardo, y que su esposo deje de trabajar en un oficio tan riesgoso.

Mientras se desplaza por entre las rocas, Cristina guarda su mano en el bolsillo derecho de la chaqueta. Ahí aprieta con fuerza su mayor tesoro. Un set de cuatro fotos con el rostro de Claudio. Él se las dio cuando en la mina lo obligaron a que llevara unas fotografías para su acreditación como trabajador. Claudio se tomó diez fotos porque salía más barato. Entregó seis a sus empleadores y las restantes se las regaló a su mujer.

—Ahora no las veo mucho porque me da pena, pero en las noches las contemplo —admite Cristina.

Lo hombres también lloran

Durante su reunión en el campamento, los familiares instalan una pequeña figura de San Lorenzo, santo patrón de la minería, en una de las lomas que rodean las carpas. Ese será de ahora en adelante el punto de encuentro para quienes rezan por sus parientes.

El lugar es testigo de una imagen definitivamente sorprendente. En medio de una misa conmemorativa, el comisario de Carabineros, Rodrigo Berger, irrumpe en llanto. Ver al rudo policía de uniforme soltar sus lágrimas conmueve a los familiares, que instintivamente se acercan a apoyarlo. No es ahora la autoridad de siempre, es una persona más, sufriendo igual que todos.

—No lo pude soportar, nunca me había pasado algo así —explica luego el comisario. Dice que se emocionó al ver a un niño llorar en los brazos de su madre cuando en la homilía mencionaron el nombre de su padre. Esa reacción espontánea le rompió el corazón al uniformado—. Me dio angustia, con estas personas llevamos esperando cinco días, viviendo codo a codo el rescate.

Desde ese momento Berger se convierte en uno de los preferidos de los familiares por su regalo de humanidad. Ahora, cada vez que surja alguna duda o consulta, exigirán hablar con el mayor Berger. Lo sienten como uno más en el campamento. Uno más de ellos.

Mujer aguerrida

Las faenas de rescate parecen avanzar, pero no hay señales de los sepultados. La vida en el campamento Esperanza toma más forma y sorprende a cada momento. Llega al lugar Carola Narváez.

La mujer viene desde Talcahuano, en el sur de Chile, uno de los lugares más afectados por el terremoto y posterior tsunami de febrero pasado que arrasó con gran parte de esa zona.

Precisamente, aclara Carola, ese es el motivo de que su esposo, Raúl Bustos, estuviera al interior del yacimiento ese fatídico día jueves 5 de agosto.

Su esposo trabajaba de mecánico en los astilleros de Asmar (maestranza de la Armada), pero con el maremoto quedó sin empleo. Entonces tuvo que buscar algo y así fue que llegó a la mina. Raúl no quería dejar su casa, pero no le quedó más remedio que aceptar este trabajo.

El viaje desde su casa demora casi un día entero y al llegar a la mina, Carola duerme en el automóvil. Dice que no le importa, que todo lo hace con el afán de encontrar vivo a Raúl. Incluso, se lamenta, su esposo tenía una pequeña posibilidad de haberse salvado.

—A él no le correspondía estar abajo en la mina, yo le decía que no entrara, pero para optimizar su trabajo a veces debía descender a revisar los vehículos en el túnel.

La recién llegada hace buenas migas con la familia de Mario Gómez, la más numerosa del campamento. Ubicados en un amplio espacio, al lado de la carpa habilitada para la prensa y muy cerca del comedor, los Gómez-Ramírez suman 46 personas en los registros de la Intendencia, que lleva un estricto control de quienes ingresan al lugar.

—Somos todos parientes, el caso es que mi mamá y mi papá tienen ocho hermanos cada uno, así que nos juntamos aquí todos los hijos, hermanos, sobrinos —cuenta Roxana, una de las hijas del chofer que transportaba mineral. Los Gómez llevan a sus niños pequeños, que retozan entre las piedras y se dedican a jugar incansablemente a las canicas.

Ajeno a estas escenas, el ex director del Sernageomin, Alejandro Vio, señala estar con la conciencia tranquila después de su destitución.

Tras un encuentro de 30 minutos con el ministro de Minería, la ex autoridad lee un comunicado en el que subraya que "lo más importante es el rescate de los 33 operarios" respondiendo así a las críticas en su contra y al organismo que encabezaba. "Se me pide que como autoridad técnica haga efectiva una responsabilidad política y como tengo la conciencia tranquila (...) seguiré cooperando en lo que pueda", afirma.

Su salida es criticada por el senador socialista Camilo Escalona. "Resulta fácil descargar responsabilidades en los funcionarios públicos que tienen un servicio pequeño, a los cuales siempre se les denuncia por considerarlos que son parte de una burocracia estatal ineficiente, que cuentan con mínimas facilidades para hacer su trabajo y a los cuales no se les cancelan horas extraordinarias y otro tipo de derechos", recalca.

Su opinión es que "gran parte de la culpa de la tragedia de la mina San José recae sobre las mineras que no han aplicado la Responsabilidad Social Empresarial. Estamos en presencia de la violación de las normas de seguridad laboral por parte de quienes son responsables de la explotación de la mina, y son en primer lugar los socios que controlan la sociedad minera, los responsables de las faenas".

La negligencia en la otorgación del permiso de la minera San José, la falta de control respecto a situaciones precedentes y la inexistente supervisión de sus labores, se mantiene como el principal argumento del gobierno del presidente Sebastián Piñera ante los cuestionamientos opositores por el despido de Alejandro Vio, ex director del Sernageomin y responsable administrativo del desastre.

Las discusiones políticas y las responsabilidades cruzadas siguen siendo estériles para los familiares del campamento Esperanza, que lo único que desean es que se terminen las recriminaciones y se actúe con rapidez y precisión para sacar a sus hombres con vida desde el fondo de la tierra.

5

"Los niños son fuertes"

Cristian Ulloga toma su casco, ve con rapidez su reloj y mira la roca. Ya es hora de usar la broca para hacer unos orificios y colocar las cargas de explosivos.

Al igual que decenas de otras pequeñas minas de la región de Atacama, el yacimiento San Javier, en Tierra Amarilla, 15 kilómetros al sur de Copiapó, sigue funcionando después del derrumbe en la mina San José.

Cristian continúa trabajando con todas sus fuerzas, o casi todas en realidad, porque su cabeza está en otra parte...con sus camaradas perdidos.

—Yo pienso que están vivos, hay muchas posibilidades que así sea y en un tiempo los volvamos a ver —comenta muy seguro de sus palabras—. Son mineros, ellos saben qué hacer. Además, hay compañeros experimentados que van a poner el orden y los más jóvenes tienen la energía para que el grupo aguante —explica con orgullo de su rubro.

Sin embargo, días después de que el pique San José decidiera asentarse sin aviso, la esperanza tambalea en muchos. Pero ahí está Cristian, quien con sus 26 años, lleva en la espalda una historia personal que lo empuja a creer que esos colegas sobreviven.

Él estuvo a punto de ser uno de ellos. Carlos Barrios, su amigo de infancia le ofreció trabajo en la San José. Ahora Carlos es uno de los 33 que están atrapados.

—El domingo antes del derrumbe yo estaba listo para irme.

Me convenía, la paga era de 700 mil pesos (U$ 1,400), mejor que cualquiera otra de la zona, porque, claro, todos sabían que ese cerro no era seguro, así que era la manera de atraer trabajadores —detalla.

Cristian cuenta que lo estuvo pensando mucho. Pero su padre, Luis Ulloga, un experimentado minero, lo obligó a rechazar la deseable oferta.

Don Luis se une al diálogo, quiere manifestar la preocupación que tiene por el futuro de los trabajadores atrapados.

—Es conocido que en la San José ocurrían muchos accidentes. Era peligrosa —recalca don Luis, un hombre de piel ennegrecida por su trabajo en el pique, al que suele llegar por un angosto camino de tierra que bordea un cerro empinado.

Cuando un camión sube, hay que dar aviso para evitar que otro vehículo ocupe la ruta, que funciona siempre en un único sentido. En el yacimiento San Javier todos suben o bajan al mismo tiempo. Así es el riesgo, así es la rutina minera.

Cristian Ulloga se enteró del derrumbe a la mañana siguiente, cuando su esposa encendió la televisión. De inmediato pensó en Carlos, su amigo desde los 12 años.

—Los niños son fuertes —repite convencido.

Se asoma otro trabajador de ese lugar. Pedro Cifuentes, operario de una de las máquinas instaladas en el yacimiento. Se acerca, interesado en dar su versión.

El grupo lo escucha entusiasmado. Varios dejan de lado sus labores habituales y la conversación aumenta.

Pedro mira al resto y apura sus palabras antes de que alguien lo interrumpa. Asegura que conoce a otro malogrado trabajador, Franklin Lobos (conocido ex futbolista profesional), porque aparte de trabajar en la mina conduce un taxi en la ciudad.

Al igual que Cristian, Cifuentes cree que los 33 están con vida.

—Machucados deben estar los cabros, pero vivos —asegura obstinado.

Es la porfía que surge también en cada esquina de Copiapó, entre quienes conocen a los hombres atrapados y también en aquellos que nunca han cruzado una palabra con esos mineros, pero se empapan del sentimiento solidario que cruza la ciudad.

Esa porfía de la que tanto hablan es parte fundamental de la cultura del minero chileno. Ellos son porfiados, así se reconocen, así les gusta ser, así se sienten respetados.

Este rasgo social es visible en cualquier conversación alrededor del tradicional "metro cuadrado" de cerveza cuando se juntan, tras la paga o el *suple* —como se denomina el adelanto de parte del sueldo que suele llegar a mitad de mes— en cualquier fuente de soda o *schopería,* como se llaman actualmente los bares, que repletan y piden de una vez la mesa completa.

En esos momentos y, a medida que a las botellas sólo les queda una borra de espuma, todos tienen la razón sobre cualquier tema que sea: fútbol, mujeres y trabajo habitualmente. Si son diez los trabajadores, hay diez verdades absolutas.

En casa también la porfía manda. El hombre "sabe lo que dice" es una frase incuestionable. Si el hombre habla los demás escuchan, recuerdan y luego repiten en una especie de juego que se sucede de generación en generación, en que las historias varían, pero no así la verdad de los hechos, sean éstos reales o imaginarios.

Donde la porfía del minero baja su tono es, justamente, al interior de las minas. Y es que el trabajo es tan delicado y cualquier error puede ocasionar un accidente, donde cada cual, cada *viejo,* se rinde al conocimiento y experiencia del otro.

Viejo es la palabra con que todos se tratan en la minería chilena, y más aún, en el norte. Es, a fin de cuentas, un homónimo global de comunicación pero hay que ganarse el título. No cualquier aparecido es un viejo, algo tiene que saber de minas.

Claro que hoy a los viejos atrapados de la San José se les llama "niños" como una forma de expresar la vulnerabilidad y fragilidad en que se encuentran, cercanos a la muerte.

CONFÍAN EN UN MILAGRO

En el campamento Esperanza no le creen a los análisis pesimistas, al tiempo que juega en contra, ni a los buitres que habitualmente vuelan en círculos sobre la zona de la mina, aunque algunos atribuyen su presencia a que estas aves son capaces de oler la desgracia aún a varios kilómetros de distancia.

No obstante, ni la presencia de los buitres, ni las dificultades de la ocasión merman la esperanza de todos.

Mientras los sondajes siguen horadando en la San José, lejos de las calles y edificios del centro de Copiapó, en los cerros y piques donde reina la oscuridad, la familia minera confía en que ocurrirá el milagro.

"AHORA ESTE ES MI HOGAR"

La noche es un momento especial en el desierto. A media tarde empieza a decaer el penetrante sol que quema durante el día y lo reemplaza un frío que cala los huesos. Después llega el manto gris de la camanchaca, esa neblina que moja y no permite ver más allá de unos cuantos metros de distancia. Es la hora que los familiares ocupan para reunirse en el Campamento Esperanza y compartir alegrías y recientes desdichas.

Con la oscuridad y el frío instalados, un recorrido por las carpas muestra que la mayoría están casi vacías, con apenas algunas personas, sentadas frente a una necesaria fogata.

La gente opta por reunirse en el comedor, la más grande de las instalaciones, donde están las mesas, una imagen de San Lorenzo, patrono de los mineros, y la televisión —compañía permanente en la soledad de Atacama.

Ahí pueden comer y ver las noticias, las que invariablemente cada noche abren sus emisiones con las novedades de la mina. Muchos de los presentes miran atentamente la pantalla.

Otros, los menos, prefieren estar frente a la imagen o la bandera que recuerda al pariente que esperan volver a ver. Ahí está, por ejemplo, el hermano de Yonni Barrios y Marta Salinas, la esposa del minero. Rezan delante de su fotografía mientras el vapor de la respiración les cubre la cara.

En una costumbre de todas las noches, encienden velas que dejan en las rocas para iluminar el rostro de Yonni, quien los mira con expresión interrogante desde la imagen silente.

Sin embargo, no todo es armonía. Ya cae la tarde y a lo lejos unos gritos llaman la atención.

Una mujer de la familia Segovia le reclama a una de las ocupantes de la carpa de Pedro Cortez, instalada justo al frente. La discusión es sobre un hombre que, al parecer, miró más de la cuenta a su ocasional vecina.

Después de ese incidente las dos familias dejan de hablarse.

Entretanto, en medio de las lentas jornadas de espera las horas son cortadas por las ocasionales visitas que se atreven a subir hasta el inhóspito cerro donde vive y respira el campamento.

Sobre las carpas, en la loma de entrada, domina todo el lugar, el hasta ahora irónico y burlesco letrero que da la bienvenida a los trabajos de la empresa minera San Esteban: JUNTOS HAREMOS UNA FAENA SEGURA.

No es el único cartel que llamaba la atención. NUESTROS MINEROS VOLVERÁN COMO HÉROES DE LAS PROFUNDIDADES, puede leerse, por ejemplo, en el poético lienzo que desplegaron los alumnos de un liceo municipal de Copiapó quienes, vestidos de riguroso uniforme y corbata, desfilan por la única calle del campamento en medio de los saludos y agradecimientos de los familiares.

Los fines de semana es obligatorio escuchar los poderosos altavoces de los evangélicos, quienes aprovechando su mayoría entre los familiares, se instalan en un improvisado cuadrilátero de madera, transformado la estructura en el escenario para todas las actividades del lugar.

Su competencia es una anciana de cabello blanco y que siempre lleva un vestido negro quien, Biblia en mano, camina una y otra vez por el centro del Esperanza.

"Jehová mandó este castigo", repite sin cesar, intercalando lecturas escogidas del libro sagrado. Después de la curiosidad inicial sus visitas transcurren solitarias, aunque nunca deja de asistir los domingos hasta el yacimiento para el rito religioso que nutre la fe.

LA ANGUSTIA CONTRA LA RISA

Un inesperado personaje que se ha sumado a la vigilia permanente es el payaso Rolly, que vino de Calama, el lugar más emblemático de la minería chilena por ser la ciudad de los trabajadores de la mina Chuquicamata, hasta hace pocos años, el mayor yacimiento de cobre del mundo a cielo abierto.

El desafío personal de Rolly es subirle el ánimo a los niños del campamento. Llegó por pocos días pero busca quedarse por siempre a pedido de los pequeños.

Este artista ambulante promete transformarse en símbolo del Esperanza. Con su chaqueta celeste, polera roja y pantalones a rayas se pasea por todas partes sin pedir permiso. Reparte chocolates y caramelos que obtiene de donaciones. Todo el mundo lo conoce y no hay medio extranjero que no haga una nota al "payaso de la esperanza".

Al observar el vendaval de prensa que se apodera del lugar, Rolly, sentado al frente de un periodista europeo, reflexiona muy serio:

—En algún minuto esto se nos fue de las manos.

Las palabras de Rolly, aun con máscara puesta, dejan de ser payasadas para demostrar que en su íntima humanidad siente algo distinto, una emoción potente, tan o más fuerte de las que habitualmente recibe desde las risas del respetado público.

Su nombre es Rolando González y en Calama trabaja en una empresa que presta labores a la minera El Abra, mientras en su tiempo libre viste de payaso.

Constantemente está en los lugares donde la gente lo necesita, donde hay que trocar el llanto por la sonrisa inicial hasta llegar a la carcajada sanadora. Rolando lo hace siempre de manera gratuita.

Es que es su vocación, su pasión, la parte fundamental de su vida: estuvo haciendo reír a los pequeños tras el terremoto de Tocopilla y también tras el sismo del 27 de febrero de 2010, catalogado como uno de los más grandes registrados en la historia del planeta.

Es inevitable recordar la historia del payaso triste de Charles Chaplin cuando se escuchan las reflexiones y temores del verdadero Rolando González.

Sin embargo, se impone la risa sana, como lo dice una de las frases clásicas de una canción local: "Ríe cuando todos estén tristes...en risas tu vida puedes convertir...".

De seguro estas memorias musicales refuerzan el pedido de los niños para que Rolly se quede en el campamento.

La Esperanza toma forma

Con el paso de los días, en el campamento Esperanza la organización está dando resultados.

La municipalidad de Tierra Amarilla utiliza un container y un toldo como virtual jardín infantil y escuela para los niños que están obligados a quedarse ahí con sus familias.

La improvisada guardería acoge a quince pequeños entre 1 y 12 años.

—Les sirve a los niños para distraerse un poco del ambiente tenso que los rodea —explica Ana Funes, asistente social a cargo del lugar.

Ahí, entre el polvo asentado y la voluntad de Ana los niños dibujan, mientras los camiones con funcionarios del equipo de sondaje pasan incesantes hacia el pique.

Katherine es la clásica muestra de los infantes del lugar. Una dulce chiquilla de largas trenzas negras y rostro típicamente nortino, bellamente arrastrado de sus orígenes indígenas del altiplano sudamericano.

Los rasgos heredados de las etnias aymaras e incas principalmente, marcan facciones fuertes y que, pese a las posteriores mezclas raciales, poco cambian: caras ovaladas, pómulos sobresalientes, cabellos tiesos y negros hasta el fulgor de la piel; mejillas oscuras, ásperas y partidas, lo que décadas atrás se contrarrestaba con ungüentos caseros de mentolado y limón, además de la chilenísima y vigente crema Lechuga.

Hoy se acude a modernas lociones hidratantes y ricas en Aloe Vera.

Si alguien llega a tener la piel o el pelo más claro, así de diferente al resto todos lo reconocerán como alguien distinto. Sabrán quién es, cómo se llama y dónde vive.

Sin prejuicios en su contra, será una especie de lunar blanco entre la opacidad epidérmica que domina el paisaje nortino.

Las obras de arte de los niños del Campamento Esperanza tienen un tema recurrente. Katherine, por ejemplo, plasma en el papel un inmenso rostro que abarca toda la hoja, con dos gruesos lagrimones. Otros dibujan las banderas del cerro, un único punto de color en medio del gris desértico que ambienta su trabajo.

Constanza, de 5 años, esboza un personaje que viste algo como una túnica blanca y tiene barba. *Yo, Dios, estoy con ustedes,* escribe con letra insegura de mano temblorosa.

Bastián, nieto de Mario Gómez, hace el dibujo más llamativo: una alegre cara sonriente rodeada de un arcoíris que aparece entre las montañas.

—¿Y qué significa?

—Así voy a estar cuando saquen a mi abuelo.

JUEGOS ANTAÑO Y HOGAÑO

Evidentemente los niños no solo viven estas horas dibujando. También juegan a entrelazar tradiciones de antaño con la tecnología que sus familiares han adquirido en el comercio local.

En este inocente ejercicio lúdico conviven en armonía el uso de portátiles, *playstations* y tradiciones de la zona, como la práctica de la payaya, un ejercicio infantil que consiste en juntar pequeñas cinco piedras en la palma de la mano, lanzarlas al aire y recibirlas en el dorso de forma combinada. Gana el que consigue recibir, sin caer, la mayor cantidad de piedras posible.

También se divierten con el luche, una versión atacameña del conocido "avión", en que los niños arrojan al suelo una piedra hacia el diseño de una cruz formada por cuadros enumerados. Saltan en un pie avanzando uno tras otro tratando de mantener el equilibrio de punta a punta, y luego regresar de la misma forma.

Asimismo se impone el elástico, pasión de las niñitas que consiste en saltar una y otra vez entre tejidos desplegados a medio metro sobre el suelo, haciendo figuras en el aire con la clara dificultad del material extendido y que se ensancha y comprime al antojo de quienes lo sostienen, mientras las pequeñas conjugan destreza corporal, ritmo y rapidez.

MOTÍN EN EL CAMPAMENTO

En cuanto los niños se divierten los adultos discuten.

—Más que un accidente, fue un crimen —recalca Angélica Álvarez.

Su esposo, Edison Peña, está enterrado en el pique. Ella camina en el campamento Esperanza pasando el rato. No le gusta hablar con los periodistas, pero a veces necesita desahogarse.

—Los culpables son los dueños de la mina, les habían dicho que no era segura, pero nunca hicieron caso —lanza con rabia. Algo más calmada, reflexiona—: Ahora es momento de orar. Lo demás vendrá después.

Angélica se refiere a la investigación que realiza el fiscal de Caldera y el Ministerio Público de la región de Atacama sobre las condiciones de trabajo en la mina San José.

Estos personajes varias veces acuden al yacimiento en medio de las labores de sondaje, para hablar con técnicos y familiares. Su trabajo empezó por una denuncia de Gino Cortés, el minero que perdió una de sus piernas en un accidente laboral el 11 de julio, casi un mes antes del derrumbe.

El caso de Gino se transforma en la punta de la madeja para que los fiscales puedan indagar a la minera San Esteban.

Por ahora nadie sabe si esa investigación se transformará en una denuncia cuando los trabajadores salgan vivos, o si terminará de una manera más práctica y rápida: que las familias cobren una indemnización mortuoria por sus parientes que nunca volverán de las profundidades.

El propio Gino aparece a ratos por el campamento apoyado en sus muletas y se encarga de espantar los peores pensamientos.

—No hay que desmoralizarse, los niños están todos bien. Deben estar sintiendo los sondajes y se dan ánimo. Yo recuerdo cuando tuve mi accidente lo rápido que se movilizaron todos para ayudarme. Los mineros somos así. Buenos para la talla (chiste), pero cuando hay que ayudar a uno, todos reaccionamos en un segundo.

Los días pasan y aunque no hay señales de vida al interior del pique, los rescatistas no descansan. Escudriñan con vehemencia en diferentes puntos del yacimiento a través de sondajes, las 24 horas del día, en tres turnos de ocho horas.

Por su parte, los encargados de la Asociación Chilena de

Seguridad confían en que las sondas llegarán a los mineros más temprano que tarde y, basados en esa presunción, es que ya tienen listo el primer mensaje que les mandarán a los trabajadores.

Su primera línea dice, *Estamos con ustedes.*

La carta es, en realidad, un instructivo que va acompañado de tres frascos:

1.— *Toma un frasco de agua lentamente en pequeños sorbos para no vomitar. Repite un segundo frasco aproximadamente 15 minutos después. Continúa con un frasco cada 15 minutos.*

2.— *Con el agua del segundo frasco toma un comprimido de omeprazol (medicamento que cubre las paredes del estómago para evitar la acidez y la gastritis), que va en un frasco adicional.*

3.— *Te enviaremos más frascos con agua que debes tomar a sorbos lentamente.*

4.— *Posteriormente te enviaremos un frasco con agua azucarada. Bébelo lentamente y a sorbos.*

Sin embargo, no todos los familiares están tan optimistas. De hecho, algunos parientes declaran abiertamente que desconfían del trabajo que están realizando las autoridades. Dicen que el tiempo se agota y no hay resultados positivos.

La familia de Florencio y Renán Ávalos busca ayuda en Juan Ramírez, un experimentado pirquinero que ha laborado en distintos piques de Atacama extrayendo cobre, oro y plata de forma artesanal.

El hombre acude al campamento y se reúne con todas las familias. Les asegura que él y otros cuatro colegas están dispuestos a entrar a la mina a través del túnel principal, hasta llegar al gran planchón de 700 mil toneladas que obstaculiza el escape.

Insiste en que con un equipo básico de 300 kilos, que incluye picotas, taladros y explosivos, en una semana de plazo, su equipo podría hacer un orificio en el infame tapón para llegar hasta los mineros.

—Estamos acostumbrados a trabajar en las peores condiciones y a exponer la vida —finaliza ante el asombro de los parientes, que de inmediato se aferran a su teoría. En masa exponen la idea en la reunión diaria que mantienen a las seis de la tarde con los encargados del rescate.

Tras oírlos, el subsecretario de Minería, Felipe Infante, rechaza de inmediato el arriesgado plan. No se van a exponer a que el pequeño grupo camine y trabaje en la precaria estabilidad de la mina, que podría ceder y tragarse 38 cuerpos de una sola bocanada. Por ahora se descarta el plan de los pirquineros.

Varios familiares salen indignados de la reunión.

—No quieren oírnos, confían ciegamente en sus máquinas y no ven que el tiempo se agota —reclaman.

Lentamente el enojo se propaga y se reúnen todos en la entrada de las faenas.

—Queremos pirquineros, queremos pirquineros —es el único grito que se escucha.

Hay llantos y recriminaciones. La escena es lo más parecido a una rebelión en el campamento Esperanza.

—Estamos dispuestos a bajar, aún sin autorización —azuza Juan Ramírez entre aplausos y la presencia de carabineros que, rápidamente, dejan sus rondas de vigilancia en el perímetro de la mina para concentrar todo su contingente en esta inesperada manifestación.

La fuerza con que Ramírez defiende sus ideas puede sonar a obsesión, a obstinación desmedida, pero tras ello hay algo de racionalidad: los mineros curtidos de tanta adversidad, de tantas batallas en desolación donde han ganado algunas y perdido muchas —es parte de la historia minera del país— han logrado, a pesar de reiterados infortunios, sobreponerse y triunfar sobre y bajo tierra.

Mientras tanto, los carabineros consiguen calmar a los manifestantes.

Al día siguiente, ya con la cabeza más despejada, una nueva reunión aclara la postura de las autoridades. Los familiares comprenden que sólo resta esperar el resultado de los sondajes y agradecen la disposición de los pirquineros.

La primera posible crisis en esta nueva identidad que es el campamento Esperanza se resuelve ligera. Pero por si acaso, Juan Ramírez y sus pirquineros se quedan dando vueltas como aves por el lugar, con sus equipos siempre listos.

No vaya a ser cosa que las sondas fallen...

6

Polémica reapertura

Aunque inicialmente la producción de la mina San José —con más de 100 años de historia— era de plata, actualmente se extrae de ella oro y cobre, principalmente.

En los ochenta el yacimiento pasó a manos de la empresa San Esteban Primera S.A., fundada por el inmigrante húngaro George Kemeny Letay. Kemeny murió el año 2000 y, desde esa fecha, la administración quedó en manos de sus hijos Marcelo (arquitecto) y Emérico (fotógrafo). Este último falleció el 2005 a causa de un cáncer de pulmón.

Pese a que en la entrada del yacimiento, a pocos metros donde quedaron atrapados estos 33 hombres, el letrero que dice JUNTOS HAREMOS DEL TRABAJO UNA FAENA SEGURA luce insistentemente bufona, desde el año 2000 la Mina San José ha registrado varios accidentes que la llevaron a su clausura desde marzo de 2007 al 30 de mayo del 2008, cuando su reapertura fue autorizada por el Servicio Nacional de Geología y Minería, Sernageomin.

Nadie entiende aún que pasó ni quienes dieron la orden de la reapertura de la mina. Pero uno de los hechos que adelantó lo que ocurriría la tarde del jueves 5 de agosto, fue un desprendimiento de material rocoso el 3 de julio de este año, que amputó la pierna del minero Gino Cortés cuando desempeñaba sus funciones en la faena.

Desde 2003 los empleados del yacimiento venían denunciado las peligrosas y precarias condiciones de trabajo en la mina, que por una nueva forma de producción impuesta por la empresa, habría debilitado las paredes del cerro, provocando el gran derrumbe.

LA INEQUIDAD, LA OTRA TRAGEDIA

El accidente de los 33 mineros chilenos desnuda las paradojas de un país que se reconoce como uno de los más desarrollados de América Latina y, al mismo tiempo, rechaza, o no quiere ver, las desigualdades sociales que aún se perciben en muchas regiones del país.

Las masivas compras de empresas que las compañías chilenas han realizado por la región, estimadas en 50.000 millones de dólares desde 1990, conviven con millones de personas que todavía subsisten con menos de dos dólares diarios, según la Organización Internacional del Trabajo.

La tragedia en el desierto de Atacama provoca indignación y asombro, pero lo más impactante es que revela cómo la seguridad de los mineros ha sido aparentemente algo menor para los dueños de la empresa y para las autoridades nacionales antes de que se produjera el desastre.

Incluso, la minera San Esteban, dueña del yacimiento de cobre y oro en desgracia, no garantizaba el pago de sueldos a los mineros atrapados ni la ayuda a sus familias.

En la actualidad, el Gobierno, los tribunales de justicia y el Congreso de la nación investigan en todos los niveles cómo esta empresa reabrió y operó una mina clausurada en 2007, tras las denuncias y reiterados accidentes registrados en ese lugar.

El presidente Piñera, tras admitir los problemas que enfrentan los trabajadores del campo, de la construcción y de la minería, ha creado un equipo para estudiar reformas laborales.

Las cifras son escalofriantes. En los últimos cinco años, son 23 los accidentes que han enlutado a las minas —legales y otras irregulares— que funcionan a lo largo del país. Los mineros chilenos trabajan en promedio 51 horas a la semana, más que cualquier otro sector de la economía. Al menos así lo advierten las cifras oficiales.

CONCENTRACIÓN DE LA RIQUEZA

En Chile, pocos controlan el 47% de los activos de las empresas que cotizan en la Bolsa de Comercio de Santiago. Familias muy conocidas y reconocidas en el país, como Luksic, Angelini, Matte y Solari, manejan los principales negocios. Ellos, acompañados de un reducido grupo de políticos que han forjado fortuna, como el ex senador de Renovación Nacional, Marcos Cariola, el senador demócrata-cristiano y ex Presidente de la República, Eduardo Frei Ruíz Tagle, además del actual mandatario, Sebastián Piñera, representaban en conjunto el 9,16% del PIB en 2004 y el 12,49% del PIB en 2008.

A la concentración del 47% de los activos de sus variadas empresas, hay que agregar los mercados concentrados muy críticos, como las administradoras de fondos de pensiones, las empresas privadas de salud y el sistema financiero.

En la pupila de los analistas internacionales persiste la imagen exitosa de un Chile con altas tasas de crecimiento de los años noventa, que llevó a una disminución de la pobreza y a una mejora en la calidad de vida de la mayor parte de la población.

No obstante, para los observadores económicos nacionales no basta con aquello, sino hay que garantizar salud y empleo para disminuir las inequidades.

Chile, como miembro pleno de la Organización para la Cooperación y el Desarrollo Económico (OCDE) —el club de los países industrializados— construyó desde el retorno a la democracia, en 1990, un camino al desarrollo, pavimentado sobre el crecimiento sostenido, el control inflacionario y la eliminación de la deuda fiscal.

En ese escenario de concentración económica, y con un sistema electoral que evita la representación proporcional de las opciones políticas, sino sólo de las dos principales mayorías, las voces de los trabajadores no son escuchadas.

Las organizaciones gremiales luchan constantemente por un sueldo digno y por condiciones laborales mínimas, para el desarrollo de su profesión y de su fuente laboral.

En los últimos días se han tornado frecuentes en las calles de la capital las protestas y paros de actividades en el sector público, un gremio cansado de promesas de campaña incumplidas.

VOZ DE LOS SIN VOZ

La Iglesia Católica, por su parte, también interviene muy comprometida en esta discusión nacional que hoy, tras el accidente en Atacama, pone en evidencia las condiciones de inequidad del pueblo chileno, principalmente en la pequeña minería.

"Esta es una zona muy rica, pero no siempre ha sido rica en seguridad para la gente", reclama el obispo de Copiapó, Gaspar Quintana.

La tragedia en la mina San José revela, una vez más, las malas condiciones laborales de los mineros, una situación que el sacerdote ya conocía y que ahora lo lleva a extrapolar sus críticas a la forma en que se concibe la producción en el país.

La actitud crítica del prelado no es nueva. Cada vez que

tiene la oportunidad ante los medios de comunicación o sus feligreses, el Obispo Quintana hace un llamado para que el trabajo no sea una experiencia de esclavitud.

De la realidad minera el obispo Quintana conoce bastante. El 2001 llegó a la zona y se fue interiorizando en la realidad de los yacimientos, la principal actividad productiva de la región.

Por eso, su discurso se enfoca en el intento por "humanizar una vida que siempre está al borde de un derrumbe, de un accidente". Cruzada que se acrecentó luego de la tragedia.

Pero el accidente en San José quizás no tomó tan por sorpresa al religioso, quien conoce las condiciones en que se desarrolla el trabajo de extracción. "Es una vergüenza lo ocurrido en la mina", pero ahora insiste en sus críticas a la deplorable situación laboral de los trabajadores de la pequeña y mediana minería.

"Si bien Chile es un país altamente minero, no siempre los comportamientos laborales, sociales, incluso a nivel de políticas de gobierno y empresariales, han estado a la altura de lo que significa la minería, un trabajo de alto riesgo, no siempre bien tratado, incluso no siempre bien remunerado".

Para el sacerdote, un país que llega al Bicentenario con situaciones pendientes tan graves como la que devela este accidente, tiene que aprender las lecciones de la historia. Por esto, llama a crear conciencia ética "para que el trabajo no sea una experiencia de negreros, de esclavitud, sino una actividad digna", exclama con la vehemencia de quien palpa diariamente la injusticia.

Y desde allí, su reclamo llega a un país embobado con las buenas cifras macroeconómicas, pero que cada vez más olvida que el apetito por estas ganancias no debe ser a costa de la seguridad y la calidad de vida de los trabajadores.

"A veces, el nivel de desarrollo confunde los planos. Yo repito a mansalva que el concepto de desarrollo no se baraja por la economía, sino por el trato que tiene el ser humano. Que no haya más dolor por incuria, negligencia, por irresponsabilidad, por un apetito desbordado de lucro, de ganar plata y ganar plata, y no darles la mínima seguridad a los trabajadores", dice enfático, casi molesto.

Pero el diagnóstico del obispo va más allá de la actividad minera y apunta también al sistema económico y la forma de dirigir el Chile de hoy. "Todos queremos lo mejor para el país, pero tiene que llegar el momento en que la madurez social y política permita a todos vivir en un clima de dignidad y un aspecto de la dignidad es la parte laboral".

De sus palabras se desprende que la emergencia contingente de Copiapó devela la necesidad de mejorar las condiciones de los trabajadores de la pequeña y mediana minería ahora ya, pero para el prelado también es un llamado a los empresarios del sector a asumir "con humildad y realismo" sus errores u omisiones.

"Tienen que asumir su cuota, en qué medida son responsables de todo esto. No todos están en el mismo nivel, pero esto nos ha hecho pensar a todos. No digo que en todas [las empresas], pero en algunas la situación es evidente. Las políticas salariales, de mantenimiento de los lugares de trabajo, de su seguridad, falta mucho todavía".

TODOS QUIEREN AYUDAR

Tan extrañas, ganosas e incluso inverosímiles suenan algunas sugerencias de ciudadanos comunes y corrientes que buscan con ansiedad colaborar en las tareas de rescate.

El subsecretario de Minería, Felipe Infante, entre risas y señales de espanto revela, por ejemplo, el contenido de dos cartas recibidas que lo ha obligado a leerlas más de una vez para dar crédito a lo que plantean ciudadanos comunes y corriente.

—Una persona postula que se envíe al fondo de la mina a un grupo de ratones con cámara para poder determinar si hay vida en el lugar, mientras otro hombre recomienda llenar con agua el yacimiento para que los mineros floten hasta llegar a la superficie —indica Infante, incrédulo y con cara de intriga.

No obstante, lo que más sorprende a la autoridad en terreno, a pesar de lo buen intencionada de la acción, es la llegada de un mapa de la mina San José, desde Quilpué, una pequeña localidad de la región de Valparaíso, enviada por la nieta del primer dueño del yacimiento.

—El problema es que el mapa sólo tiene 40 metros de profundidad y no nos sirve. En todo caso el gesto se valora —agradece Infante.

7

---

22 de agosto

Han pasado más de dos semanas desde el desastre, diecisiete noches justas, y hoy es un día como todos los anteriores, tranquilo, expectante y tenso al mismo tiempo, pues no hay noticias de vida allá abajo.

El ambiente calmo no disipa el nerviosismo que sigue latente entre los familiares apostados en el campamento. A ratos parecieran estar preparándose para el pésame. En otros momentos, incluso, los desborda el buen humor, característica más popular del trabajador criollo. Pareciera una terapia de supervivencia reír en medio de la tragedia, espacio que toma aquel que utiliza la broma de manera ingeniosa para hacer de cualquier hecho un motivo de risa.

La comida llega siempre a tiempo, para eso las mujeres no han decaído jamás, con esmero y esfuerzo sempiterno. La gente conversa en distintos puntos del campamento, a varios metros de los sondajes donde técnicos, operarios e ingenieros no paran en sus labores, cada día más intensas.

Entre ellos está Nelson Flores, quien hoy está por concluir la diaria tarea de operar una de las sondas que escarban la tierra desértica de Atacama, rastreando el paradero de los 33.

Tranquilo como siempre, abandona por un rato la perforadora gigante e intenta izar sobre un camión estacionado distante del pique, una de las guías de excavación que ha regresado desde las profundidades, toda cubierta de tierra y barro.

A su alrededor, otros compañeros de servicio se dividen entre despejar el área de seguridad y ayudar a retirar el resto de la sonda que, por hoy, ha cumplido una día más de infructuoso trabajo.

Sin embargo, algo raro percibe Nelson en la coloración del extremo inferior de la guía. Se aproxima a ella con la curiosidad de un infante. Extiende su mano izquierda con el claro afán de observar lo que ya más cerca le resulta increíble.

Una parte de la sonda está pintada de un intenso color rojo que, claramente, no corresponde al común teñido del metal.

Se queda en silencio, ensimismado, como si estuviera frente a una revelación celestial.

No puede ser, reflexiona en silencio.

Con esto, Nelson confirma lo que hace un par de horas parecía la señal que desde el refugio daban los mineros con fuertes golpes, pero leves en la superficie. Golpes sobre la sonda, propinados desde la profundidad por un grupo de desesperados trabajadores.

Sólo pueden ser ellos, o parte de ellos, piensa convencido. Concluye que debieron golpear la punta del metal al llegar con la guía al refugio y luego consiguieron pintar la sonda para gritar desde abajo que aún están con vida.

Nelson Flores se estremece. Llama de un solo grito al resto de sus compañeros para mostrarles el feliz hallazgo. Todos llegan corriendo, apresurados, trastabillando algunos.

Ahí está, no hay dudas, es evidente, la sonda de metal pintada por aquellos trabajadores buscados desde hace dos semanas.

Los perforadores sonríen, se abrazan, se dan la mano...

Finalmente han encontrado a los mineros después de tanto buscarlos con sondeos.

Ahora que se ha conseguido llegar al objetivo, el grupo se

reúne de urgencia para definir los pasos siguientes. El tiempo escasea y la intranquilidad abunda.

Entre tanto reconforte y alegría mesurada, uno de los ayudantes de Nelson, algo distante del resto, no le quita la mirada al martillo de la sonda pintada de rojo que aún permanece en el suelo, casi olvidada.

Intenta limpiar esa extremidad para extraer un bulto cubierto de barro y que viene amarrado al final del martillo. Nadie reparó en él.

Lo observa incrédulo mientras su corazón late más rápido que en todas estas dos semanas. Lo vuelve a mirar, son unos plásticos húmedos atados con elásticos al metal. Lo primero que piensa es llevárselos como recuerdo, pero luego da un paso atrás en sus intenciones, porque percibe que adosados vienen papeles. No logra comprender.

Cuidadosamente, con una delicadeza que jamás tuvo en sus manos, abre la bolsa, desata los amarres y el corazón sigue latiendo fuerte. Algo intuye y no falla. Está a punto de convertirse en receptor de un símbolo mundial...observa, se toma el tiempo necesario, permanece pasmado en una mezcla de miedo y esa inquieta ilusión que guardan los niños en Navidad... Se encuentra con un escrito...sí, un escrito.

—Aquí hay un mensaje —grita sin pensar a viva voz. Nadie lo escucha.

Es un papel arrugado, un simple papel recortado de un cuaderno cuadriculado de esos que usan los más chicos en sus clases de matemáticas...el papel está escrito con tinta roja. La sorpresa lo atrapa en un abrazo frío. No puede creer lo que aparece frente a sus ojos.

Estamos bien en el refugio los 33, dice la hoja arrugada, tan arrugada y sucia como cualquier otra que se bota al basurero mil veces por día, pero ésta trae el mensaje más trascendental desde el 5 de agosto, el más esperado, el soñado. La frase es corta e interminable al mismo tiempo.

—¡Están vivos, están vivos!

Truena su garganta y el viento colabora en llevar la buena nueva hasta el reducido grupo de trabajadores que a esa hora sigue ideando un plan de rescate. Todo se paraliza, el sol no parpadea, las nubes detienen su baile sutil, el polvo parece quedarse quieto en cada una de sus partículas en el aire como testigo, la naturaleza sabe que no es su turno.

La emoción estalla y precipita la euforia en el desierto, que —como mecha inflamada— se propaga por el mundo entero. Es difícil dar crédito: *Estamos bien en el refugio los 33,* el llanto moja las ropas y los cuerpos, los abrazos efusivos se repiten, como queriendo juntar las almas todos se aprietan con la fuerza que antes nunca nadie tuvo...Algunos caen al suelo, como buscando en la tierra su propio abrazo, un refugio para tanta felicidad que no cabe. Los operarios pierden su compostura, la euforia los devuelve a la niñez y lloran como hombres, como pocas veces se les ve llorar.

El hombre del hallazgo mira en todas las direcciones, incrédulo, sin asumir el milagro. Es verdad que los 33 están vivos. "Gracias Dios" son dos palabras que dan vueltas en su mente. Sin pensar intenta correr cerro abajo hacia los familiares para darle las buenas nuevas. Sin embargo, uno de sus compañeros lo detiene. Le recuerda que nada se hace sin la anuencia de las autoridades.

—No podemos esperar a que llegue el Presidente, debemos decirle a las familias que viven esta angustia, que sus esposos, hermanos e hijos están con vida —dice tartamudeando cada sílaba...lo escuchan igual de estupefactos.

Pese a que la orden para los operarios es que todo tipo de información debe ser entregada al Gobierno y luego a sus familiares, este hombre feliz rompe —con absoluto derecho y lúcido criterio— todo protocolo y no duda en retomar su corrida a todo lo que dan sus piernas hacia al campamento Esperanza.

Hay confusión entre las familias. La noticia es demasiado fuerte, nadie está preparado para esto. La prensa trata de conseguir información. La periodista del Ministerio de Minería grita desde el techo de una camioneta a los medios, exigiendo que no digan nada.

—No podemos dar la noticia así tan irresponsablemente, hay que confirmar con las autoridades y esperar a que llegue el Presidente.

Pero es inevitable. Los reporteros comienzan a lanzar, con más entrañas que lógica, esta gran noticia...la buena nueva de que los mineros de Atacama podrían estar vivos en el refugio de la San José llega rápidamente al mundo. Las explicaciones técnicas no tienen lugar.

El papel arrugado dice claramente que los 33 atrapados se encuentran con vida. El ministro de Minería, con su infaltable chaqueta roja —ya sucia por los días en el sitio— y su mechón de cabello que juega con taparle los ojos, toma tembloroso su teléfono celular y llama al Presidente. Con voz pausada —pero en el fondo llena de emoción— le cuenta la gran noticia.

Trastornado todavía su rostro por el anuncio, Laurence Golborne, aunque ya con un poco más de calma, sabe que a contar de hoy la historia cambia. Y cambia para mejor...

Las familias están contentas, alegres, lloran y saltan porque ahora se dan cuenta que toda su fe y sus oraciones a Dios y La Virgen han resultado. Persisten los abrazos apretados, lágrimas que germinan en cada encuentro, mientras la emoción permea a la prensa nacional e internacional y también sobrepasa cualquier comentario humano.

Golborne confirma la noticia, pero espera la llegada del presidente Piñera para hacerla oficial. Es necesario, se explica, porque el hecho es demasiado importante y el Estado debe responsabilizarse ante los familiares, la sociedad chilena y también la comunidad extranjera que ha seguido de cerca los sucesos acaecidos en el norte del país.

Ahí quedaron las teteras hirviendo mientras todos corren de un lado para otro, a la espera de saber el estado en que se encuentran. "¡Están con vida!", gritan las esposas. Los celulares suenan por todos lados. Todo el mundo llama a sus familias, les cuesta marcar los números porque sus dedos se mueven inquietos.

HORAS MÁS TARDE

Llega el Presidente y en una improvisada plataforma cerca de las animitas que las familias han levantado en recuerdo de sus hombres, la prensa espera ansiosa, los periodistas se arriman uno sobre otro para tener la mejor posición. Los medios alborotados también se agolpan, las cámaras fotográficas no dejan de registrar ese momento histórico. Golborne procura una calma casi imposible para el momento.

Los medios se ordenan un poco y con la carta recibida desde el fondo de la mina en sus manos, el presidente Sebastián Piñera con una alegría que lo desborda y con su eterna camisa blanca, confirma al mundo entero que los 33 mineros están vivos.

—Esto salió hoy día de las entrañas de la montaña, de lo

más profundo de esta mina, es el mensaje de nuestros mineros que nos dicen que están vivos, unidos y esperando ver la luz del sol y abrazar a sus familiares —dice el mandatario eufórico, como nadie lo vio antes en su vida pública, y agrega—: Quiero decir que Chile entero está llorando de emoción, pero lo que quiero es agradecer a los mineros por haber resistido dos semanas, solos, agradecer a los familiares, que nunca perdieron la esperanza, agradecer a todo ese equipo humano que no escatimó en ningún esfuerzo: La noticia nos llena de alegría, de fuerza, me siento más orgulloso que nunca de ser chileno y de ser Presidente de Chile. ¡Viva Chile, mierda! —concluye el mandatario evidentemente extasiado.

En sus sentidas palabras, para Piñera ésta es la mejor manera de comenzar a celebrar en septiembre el mes de la Patria. Es la gran noticia del Bicentenario, la mejor.

—Pero ahora tenemos que seguir trabajando —añade el Presidente—, tenemos que entubar la sonda, entregarle alimentos, luz, comunicaciones, pero lo más valioso ya llegó, el apoyo moral.

La información rápidamente recorre el mundo. En los distintos lugares del país la gente sale a celebrar, sobre todo en Copiapó, la cuidad donde vive la mayoría de estos mineros y la cual se encuentra de luto desde que ocurrió el derrumbe.

Las banderas negras que cuelgan desde cada casa en señal de duelo, comienzan velozmente a desaparecer. Ya no tienen razón de ser.

Los colores y la alegría iluminan la cara de cada uno de los copiapinos y de Chile entero.

En Santiago, en tanto, al igual que en los triunfos de la Selección Chilena de Fútbol, los bocinazos vuelven al centro de la capital y a otros puntos del país. La gente se agrupa en las cercanías de la estratégica Plaza Italia para celebrar, en el centro neurálgico de la ciudad.

La información no sólo ha remecido los corazones de los familiares de los mineros y rescatistas, sino que de todos los chilenos que desde el momento del accidente están preocupados y muchos desesperados por la suerte de sus compatriotas. La Iglesia hace lo suyo con oficios religiosos a las afueras de la mina.

Pasadas las horas llega al lugar el Ministro de Salud Jaime Mañalich. Emocionado sabe que ahora, tras el hallazgo del ya famoso papelito, su rol es aún más importante, pues deberá mantener a los mineros con vida y en buen estado médico, como sea.

—Estamos interpretando por nuestra parte que ninguno de ellos tiene lesiones graves —asegura Mañalich.

El secretario de Estado también sabe, que a contar de este día las familias son también una preocupación mayor a raíz de la conmoción que rebosa la mente y el espíritu de todas ellas.

Actúa de inmediato y explica que es necesario neutralizar las ansias de la gente, la de arriba y la de abajo.

—Hay que establecer urgentemente cuál es la situación sicológica en la que están los mineros, conocer las consecuencias físicas de pasar tanto tiempo sin ingerir alimentos normalmente. Tienen que comprender que nosotros sabemos acá en la superficie, que faltan muchas semanas para que ellos salgan a la luz. Hay que hacer un diagnóstico, explicarles la situación, hay sicólogos en terreno, hay que establecer este liderazgo, y apoyarlos y prepararlos para lo que viene, que no es poco. En el sentido del tiempo, de las tareas de rescate, de la incertidumbre que todavía está por venir.

Para Mañalich, si los mineros efectivamente están sanos, pueden mantenerse muy bien durante semanas y meses, hasta que se realice el rescate con seguridad.

La prensa y las familias no se cansan de preguntar qué se viene ahora, a lo que Mañalich, con su chaqueta roja de gobierno y sin su delantal blanco que lo caracteriza en su rol de médico, asegura que se les debe enviar agua, hidratarlos si es que les falta. Hay que hacer un diagnóstico de primer momento del estado de salud en que se encuentran a través de exámenes.

Se parte trabajando no sólo en el túnel que sacará a los mineros sino también en mantenerlos adecuadamente. Comienzan a agregarse soluciones médicas que contemplan agua y sales para ser suministradas durante las primeras seis horas una vez que se llegue nuevamente a los mineros a través de sondas.

En cuanto al operativo para asistirlos, Mañalich dice —como todo un estratega— que el primer anillo es el dedicado para atender a los mineros y a los rescatistas. Un segundo anillo, que es el de las familias, que probablemente se va a agrandar, hay que cuidar de que no aparezcan enfermedades ni infecciones y el tercero está en el hospital de Copiapó, donde están las unidades de cuidados intensivos preparadas, banco de sangre equipado, los cirujanos están haciendo turnos y alertados. Y, eventualmente, si fuera necesario con un apoyo de la Asociación Chilena de Seguridad.

El gobierno, que proyecta inicialmente el salvamento para antes de Navidad, la prensa, los socorristas y las familias saben que este episodio que vive Chile es único en la historia del mundo. No hay reportes de rescates mineros que hayan sido tan prolongados, tan demorosos, y más encima que haya que sostener a través de las profundidades durante dos o tres meses a un grupo tan grande como éste.

Pero las condiciones de la mina no son óptimas. Los expertos tienen en el tope de sus mentes esa realidad. La humedad y la oscuridad en que viven los mineros hace 17 días ya causarían algunas enfermedades, como afecciones respiratorias entre otras patologías.

Mientras la euforia se eleva en el campamento Esperanza, que ahora más que nunca agradece su nombre, prosiguen las tareas de los especialistas.

Comienzan a bajar las palomas (tubo de plástico) al centro de la tierra nuevamente. Esta vez con remedios para tratar alguna herida, alguna enfermedad, suero, vacuna antitetánica. Optimista Mañalich asegura que, si la fortuna les acompaña, se podría sacar a los 33 con vida y sin otras enfermedades agregadas.

Hay otro mensaje

Hay algo más que el papel descubierto pegado a la sonda. El mensaje que alegra a todos los chilenos no viene solo. En la cabeza del martillo de la máquina de sondaje que llegó a los 688 metros, una bolsa amarrada con cables y tiras de goma trae una carta. Es del minero Mario Gómez que le escribe unas letras a su familia.

El presidente Piñera, quien ya no da más de la alegría frente a los medios de comunicación y al igual que cuando entregó el mensaje de vida de los 33, lee sudando la carta de Gómez:

Querida Lila, estoy bien, gracias a Dios espero salir pronto, paciencia y fe (...) Dios es grande vamos a salir con la ayuda de mi Dios (...) Aunque tengamos que esperar meses para la comunicación, quiero hablar con el Alonso (yerno). Esa empresa tiene que modernizarse, le quiero decir a todos que estoy bien y que estoy seguro de que vamos a salir con vida. Bueno Lila pronto nos vemos. Nos comunicaremos. Rompieron el primer sondaje, ahí hay comunicación. A un costado cae un poco de agua, estamos en el refugio. Que Dios los ilumine y un saludo a mi familia, los amo. Mario Gómez.

La esposa, Lilian Ramírez, rompe en alegría y sabe que su marido tiene experiencia porque él no tan sólo ha trabajado en esta mina, sino que ha dormido en la intemperie, tapado con cartones, entonces, balbuceando, la joven asegura que él no va a dejar que sus compañeros se derroten.

No sólo Lilian está contenta, plena de una radiante e incontrolada emoción, las demás esposas y madres también lo están. Las letras de Mario no sólo son para Lila. Sin lugar a dudas, son también para cada uno de los familiares que escucharon atentamente las palabras de Mario en voz del Presidente. La alegría se esparce a todo el campamento y la tranquilidad de saber que están bien, a todo el mundo.

El ánimo cambia después de esta carta entre los familiares. Ahora ya saben que están vivos pero no saben con certeza el estado en que se encuentran, ni mucho menos qué tan lejos están de verlos y abrazarlos. La fe predomina, pero lleva trazos de dudas.

8

Plan de rescate definitivo

Al día siguiente del hallazgo, el ministro de Minería, Laurence Golborne se levanta distinto, complacido, satisfecho con el resultado de las tareas de sondaje. Ahora más que nunca, sospecha de que las jornadas posteriores pueden ser aún más favorables.

Golborne tiene la absoluta convicción de que la paloma que llegó de la superficie con las notas amarradas al martillo de la sonda ha dado un vuelco, un vuelco enorme y premonitor del futuro.

Más tranquilo y con el viento que caracteriza al norte de Chile haciendo surcos en su rostro, el ministro asegura que los mineros han sido tremendamente hábiles e inteligentes. Entonces, ahora parte lo más importante, la carrera por sacar a la superficie a los 33. Golborne se reúne con los expertos. Recibe un informe de los avances, de las tecnologías que se utilizan, de las empresas que prestan todos sus servicios. Los reportes son permanentes y siempre informados a Sebastián Piñera.

Sin embargo, entre alegría, satisfacción y explicaciones Golborne, un tanto cabizbajo, se muestra realista. Más allá de mantener el contacto con los mineros y comenzar con el plan definitivo de rescate, indica que según los que saben, éste puede demorar entre tres y cuatro meses. Ahora es el turno para que la paciencia enarbole la bandera de la sabiduría.

La noticia no es bien recibida por las familias, ellos quieren a sus hombres ya en la superficie. Hay mucha ansiedad en el aire. Es mucho tiempo y no pueden ni quieren seguir esperando a sus seres amados. No obstante, Golborne asegura que se va a trabajar en la opción más rápida, pero también la más segura.

María: La alcaldesa

—¡Vamos a rezar por ustedes!

El grito retumba enorme en el campo sin fronteras del desierto y se introduce para siempre en el corazón de las mujeres que, entre el miedo y la frágil esperanza, poco saben lo que ocurre con sus maridos, hijos, hermanos, parejas y amigos, y que desde setecientos metros de profundidad han logrado subir a la superficie el mensaje más importante de sus vidas.

El chirrido imponente viene de la boca de María Segovia, hermana de Darío.

La mujer, vendedora de empanadas en una feria pública, dejó todo en la aún más nortina Antofagasta y llegó hasta Copiapó, no sólo para enterarse a cabalidad de lo que estaba sucediendo en el yacimiento, sino que también para exigir responsabilidades en las faenas de rescate. Ya en el campamento, su personalidad inquebrantable, su fe y contumacia, la han transformado naturalmente en la líder y vocera eventual de sus compañeras.

Las levanta de la ansiedad y la resignación, calma sus rabias, las llena de sus propias fuerzas, interviene ante las autoridades a cargo del rescate y organiza el campamento Esperanza que, hasta hace unos días, crecía de manera precipitada.

Por eso y por mucho más, María fue llamada la "alcaldesa".

Los medios de comunicación la buscan.

Jamás cesa, y guarda sus más íntimos temores para no amilanar al resto.

Alza su voz por los familiares y ha levantado, además, una carpa a la entrada del campamento, donde comparte con todas y todos. Dicha carpa, luego se convierte en su propia casa, siempre con la bandera tricolor chilena flameando al viento.

En el nuevo hogar de María siempre está listo lo necesario: agua caliente, pan, té para conversar con los familiares y periodistas, y el infaltable mate que comparte a veces con el propio ministro de Minería, Laurence Golborne.

La toma del mate es algo singular. Costumbre arraigada en el sur de Brasil, Uruguay, Argentina y, en el Chile austral, significa mucho más que beber una hierba amarga y energizante.

La tradición consiste en compartir la misma bombilla entre todo el grupo como un innegable símbolo de comunión, lealtad, compromiso, confianza absoluta en el otro, rito tan lejano a los prejuicios y distancias humanas que suelen dominar la vida contemporánea.

Y así es en Copiapó, en el campamento Esperanza...las incontables estrellas del firmamento son testigos del círculo que se forma alrededor de un fogón para la ceremonia del mate... solemnidad que, sin duda facilita la cercanía entre familiares, rescatistas, periodistas, autoridades...y hasta curiosos que llegan a hacerse parte de uno de los eventos trágicos más mediatizados en la historia de la humanidad.

"Qué hacen aquí, esos mineros", una variación del tema del grupo folklórico Illapu, cantan una y otra vez en la fogata nocturna de la familia Segovia. Ocupan la primera carpa grande que se ve al entrar al campamento, y son los más bulliciosos.

—Yo llegué aquí el primer día, cuando no había nada y me senté en una piedra a esperar noticias —recuerda María Segovia, que dejó su casa en Antofagasta y su trabajo en la feria, para quedarse a esperar el destino de su hermano Darío.

Como ella, son muchos los que no se han movido más del campamento Esperanza.

—Ahora este es mi hogar —dice orgullosa.

TRES CAMINOS

—Muy bien caballeros, gracias por venir —saluda Laurence Golborne con acostumbrados buenos modales, a las decenas de periodistas que tiene frente a él.

Es un domingo frío en la mina y, a estas alturas, pasadas las ocho de la noche, también muy oscuro.

La ocasión es especial. Por primera vez desde el derrumbe, la prensa puede traspasar la barrera que la separa del campamento. Ahora reporteros se apretujan como pueden, en la gran carpa blanca donde, diariamente, las autoridades se reúnen con los familiares.

En el lugar hay más cámaras y micrófonos que aire por respirar. Los periodistas esperan impacientes las palabras del ministro.

Golborne acaba de bajarse del avión que lo ha traído desde Santiago y de inmediato se dirige a la mina. Al parecer tiene algo muy importante que informar.

—Vamos a presentar las tres maquinarias que van a realizar las labores de perforación —explica con claridad—. Nosotros lo vemos como una especie de sana competencia entre ellas para llegar lo más rápido posible hasta los mineros.

Apuntando, en una mezcla de seguro nerviosismo, el Power

Point en que cada día aparecen cifras y dibujos a los familiares para informarlos del estado de las operaciones.

Golborne y el ingeniero André Sougarret detallan las tres propuestas recibidas. Comienza la presentación y todos callan, absolutamente concentrados. Es necesario conocer todos los detalles.

EL PLAN A

El ministro explica que la Raise Borer Strata 950, es una máquina utilizada por Codelco, en su división andina, para realizar la construcción de chimeneas y ductos de ventilación que pueden llegar a los ocho metros de diámetro.

Se encarga de realizar el forado de rescate a través de un dispositivo llamado trépano que puede llegar a 800 metros de profundidad —lo que se necesita.

Tras la perforación, se da paso a la herramienta de escariado, que ensancha la circunferencia de acceso de 33 a 66 centímetros de diámetro, magnitud suficiente para el ingreso de la jaula de rescate.

Instalada en el sector más cercano a la entrada de la mina, esta máquina es la primera de las tres en ponerse en marcha, y en promedio avanza quince metros diarios.

Con todos los ajustes de rigor, el cálculo ingeniero proyecta alcanzar la meta a mediados de octubre. Una buena opción.

EL PLAN B

Es el turno de ver qué ofrece la Schramm T-130, maquinaria que ya lleva 26 metros de avance.

Su torre es perfectamente visible desde el campamento y el

ruido de su motor es la música de fondo en la rutina diaria para los familiares en eterna vigilia.

La gigantesca mole de metal de la firma estadounidense Geotec Boyle, proviene de la minera Collahuasi, ubicada en Antofagasta, y es operada por dos expertos norteamericanos que trabajaban en una máquina similar en Afganistán, buscando agua, cuando sucede la tragedia de la mina San José.

De inmediato Jeff Hart y Matt Staffel son traídos hasta Atacama. Este plan también suena bien, asienten con la mirada los asistentes.

En tanto, la T-130 está montada en un camión con neumáticos y comúnmente es utilizada para perforaciones de pozos de agua donde ha llegado, incluso, hasta los mil metros de profundidad.

El inmenso aparato ensancha el calado de 30 a 70 centímetros de diámetro mediante el uso del denominado "Down the Hole", una especie de martillo que combina cinco cabezas en una. La T-130 viene de Canadá. Nunca se ha usado en Chile, lo que hace desconocer cómo se comportará en el durísimo suelo del yacimiento San José.

EL PLAN C

La tecnología de la RIG 422, como la conocen los expertos, viene desde Iquique, extremo norte de Chile, en 42 camiones cargados de piezas metálicas para armar la torre de mayor envergadura que ha soportado hasta ahora el terreno de la mina.

Es una esbelta construcción de 45 metros de altura, utilizada para explorar petróleo y gas natural. Con su técnica del tricono o martillo perforador, es la más rápida de las tres perforadoras. Lo que promete la RIG 422 es agujerear 90 centímetros de diámetro en los primeros 50 metros. De ahí en más, el ducto bordeará los 70 centímetros. Su proyección de encontrar a los mineros atrapados también es de poco menos de dos meses.

Claro que mucho depende de las condiciones geológicas, de lo lento de su armado e instalación, de la gran área de trabajo que se requiere y de la incertidumbre respecto al tipo de suelo.

Esta máquina es rapidísima en terrenos blandos, como el Amazonas, donde usualmente busca oro negro, pero se desconoce si será igual su comportamiento en este lugar tan árido.

La audiencia se desconcierta, algunos se inclinan por una de las tres, otros dudan, la mayoría calla cuando se escucha la broma de Golborne al terminar su presentación:

—Hagan sus apuestas, señores.

Sougarret se ríe y aclara que él ya lanzó su carta —en privado sus fichas van por el Plan B: la Schramm T-130 de Collahuasi.

El ministro, obligado a revelar su preferencia, se la juega por la opción C.

—Me da lo mismo si gano la apuesta, lo importante es que alguna de las máquinas cumpla su cometido en el menor tiempo posible —comenta.

Los periodistas se ven conformes tras concluir la reunión más importante con los medios de comunicación desde que se sabe que los 33 están vivos.

CON JUGUETE NUEVO

Ya se trabaja a todo pulmón para llegar con ayuda a los mineros. Junto a los remedios y a los medios de hidratación se baja una cámara de video. Otra tarea ardua. Cables, máquinas pequeñas, y todas las tecnologías comienzan a descender por la sonda para encontrarse con los trabajadores confinados.

Tras una operación de joyería se logra llegar hasta la profundidad del pique e instalar un diminuto lente conectado a la superficie, un enlace capaz de transmitir en vivo lo que ocurre al interior del socavón.

Todos quieren ver el rostro de los trabajadores enclaustrados, observar cómo están, cómo es el lugar, conocer más detalles de cómo es la vida en esa oscuridad y humedad que los acompaña por más de dos semanas en el fondo del pique.

Pese a la instantaneidad de la transmisión, las imágenes conseguidas son grabadas, previamente revisadas por las autoridades de gobierno y luego emitidas, con el fin de filtrar cualquier situación que ofenda o denigre la dignidad de los mineros.

Entretanto, como si fuera la primera vez que encienden un televisor, Golborne, Piñera y los rescatistas se sientan frente a la pantalla que, se supone, mostrará las caras sumergidas. A su lado están los familiares más cercanos de los mineros que conforman un grupo reducido de privilegiados espectadores, en una zona restringida sólo para ellos.

Abajo un grupo de mineros con sus lámparas se acercan a la cámara de video tal como niños viendo un juguete nuevo. Pequeñas luces se aproximan. ¡Efectivamente, son los mineros! Aparece la primera de las imágenes a 700 metros de profundidad.

Uno de ellos, Florencio Antonio Ávalos Silva, se acerca mucho a la pantalla y es reconocido por sus familiares. "Es Florencio, es él", dicen al ver su rostro en un computador portátil que hace de pantalla de TV. El trabajador de 31 años es casado, padre de dos hijos y permanece en el refugio junto a su hermano Renán Anselmo.

Esta imagen genera no sólo alegría en la superficie de la mina San José, sino que también un momento de alta confusión por intentar aclarar quién es el minero que aparece en primer plano.

Ya a esas alturas todos creen ver a sus hombres. En un primer momento, son los padres de Jimmy Sánchez, el joven de 19 años, el menor del grupo, quienes aseguran ver a su hijo en la tela, pero momentos después, comienzan a ser más las familias que aseguran lo mismo, lo que genera bastante confusión.

Los mineros sin saber que arriba todos tratan de reconocerlos, agitan sus brazos y dan señales claras de que están vivos y de buen ánimo. A los cinco minutos el presidente Piñera sale a buscar a la prensa apostada en el campamento para comentar lo recién vivido. Les asegura a los periodistas que pudo ver a los trabajadores con sus propios ojos a través de las cámaras de video.

—Vi a 8 ó 9 de ellos que agitaban sus brazos, que estaban todavía con sus lámparas prendidas y que estaban aparentemente en buen estado físico, reconocieron la cámara y le hicieron gestos de alegría, pero no pudimos establecer contacto auditivo con ellos.

Efectivamente así fue, ya que el ruido de una catarata en el sector del refugio impide escuchar sus voces.

Rápidamente las autoridades comienzan a trabajar para lograr obtener una comunicación más allá de la visual, quieren, y necesitan escuchar de la propia boca de los mineros que están bien.

"Aquí, mina"

Ahora surge la figura de Pedro Gallo, el inventor del Gallófono —el teléfono que permitirá a los rescatistas comunicarse con los mineros atrapados.

En medio de la alegría y las celebraciones en el campamento, Gallo se prepara para una prueba complicada luego de haber sido marginado por los ingenieros de Codelco que no valoraron la eficacia de su invento al inicio del rescate.

Ahora llega el momento de demostrar que todo su trabajo vale la pena y funciona a la perfección, por lo que —los encargados del salvamento— intentan por primera vez hacer contacto telefónico con los mineros.

El aparato es introducido dentro de una paloma de seis metros de largo. "Entra perfecto, queda sobrando un milímetro por cada lado", aclara su creador. Lo lanzan por el ducto, un gigantesco canal umbilical que ahora une a los trabajadores con el mundo exterior. Una hora y 45 minutos después los hombres a 700 metros de profundidad lo sacan y conectan el cable, tal como si se trata de un teléfono convencional.

Arriba el técnico enchufa el número 2 de la centralita telefónica, desde ahora en adelante el dígito que identificará al equipo que está bajo tierra.

El ministro Golborne toma el auricular con firmeza.

—Aló, ¿me escuchan?

La respuesta tarda un segundo en llegar, acompañada de un leve zumbido metálico.

—Aquí, mina.

El que habla es el jefe del turno, Luis Urzúa, y los cuchicheos que percibe Gallo son de los 33 deliberando quien debe hablar en el primer contacto con el exterior. Urzúa, de entrada, tranquiliza al ministro.

—Estamos bien aquí, esperando que nos rescaten —son sus palabras.

Golborne no puede creer lo que oye. Por su lado la voz bajo tierra sigue su relato:

—Mire, hemos estado bebiendo algo de agua. En estos momentos hemos comido poco, lo único que teníamos en el refugio —confiesa Luis Urzúa.

El ministro, algo más tranquilo pero igual de emocionado, le cuenta a Urzúa que el país entero ha estado siguiendo los sondajes.

—Esta ha sido una tarea del país completo que ha estado pendiente del proceso de búsqueda y rescate que hemos iniciado. Tengan la certeza que no están solos. Ayer Chile entero celebraba en todas las plazas, en todos los lugares de este país, se celebraba que habíamos tomado contacto con ustedes. Hoy van a estar más felices de saber que hemos hablado con ustedes.

Pero a Urzúa más allá de la emoción de Chile, está interesado en saber el estado de un compañero que iba saliendo de la mina el día del derrumbe.

—No sabemos si salió o no salió.

—Salieron todos ilesos. No hay ninguna fatalidad que lamentar —afirma Golborne, provocando aplausos y vítores por parte de los trabajadores atrapados. Es que el compañerismo dentro de los mineros es más importante, incluso, que las propias desgracias.

—Quiero que sepan que acá en las afueras de la mina se ha instalado un campamento donde están todas sus familias —transmite el secretario de Estado lo que también causa nuevas muestras de algarabía por parte de los trabajadores—. No están solos, sus mujeres, hijos y familia los acompañan desde el primer día en la superficie. Tengan plena confianza que estamos aquí haciendo todos los esfuerzos para llegar a ustedes a la brevedad. Un gran abrazo de todo Chile, porque todo Chile está con ustedes —añade el ministro.

Urzúa no quiere dejar atrás el día fatídico que los dejó encerrados y le comenta al ministro que buscaron una salida por las chimeneas, pero como no tenían más escaleras, no pudieron seguir subiendo. Al escuchar esto, Golborne les avisa inmediatamente que "esas chimeneas están bloqueadas (...) lo más importante es que se alejen de la zona de esa roca, esa roca está inestable", les advierte.

Esa conversación entre ambos, entre la superficie y el fondo de la tierra, desata un pequeño carnaval en la superficie. Todos gritan y se abrazan.

Pedro Gallo es el único que se aleja del grupo. Tras oír el diálogo respira hondo, aliviado, camina unos metros y enciende un cigarrillo. Tiene los ojos llenos de lágrimas. Observa conmovido una acuosa escena de júbilo.

TELÉFONO BENDITO

Desde ese día, Pedro Gallo conversa a diario con cada uno de los mineros, para saber sus requerimientos.

—Hablo todos los días con ellos, de la mañana hasta la noche, me amanezco con ellos. Me he transformado en psicólogo, consejero, amigo, estafeta y cupido de los mineros —cuenta el técnico.

El pequeño y nada impresionante aparato promete convertirse en el puente que mantendrá con esperanza a los esforzados mineros.

Luego se conocería que durante todas las operaciones se continuaba utilizando esa conexión, incluso en los momentos en que fallaba la cámara de video que fue lanzada con posterioridad al teléfono.

A través del teléfono se tiene la primera impresión del estado real de los 33 allá abajo. En algún minuto, sirve para que los médicos que están en la superficie guíen a Yonni Barrios en el diagnóstico de las dolencias de sus compañeros.

Esta verdadera enciclopedia de medicina vía telefónica vive su minuto de mayor complicación con la supuesta apendicitis de un trabajador, que resulta ser falsa alarma, lo que se corrobora gracias a la línea telefónica.

En otra oportunidad, un dentista se pone al auricular para dar las indicaciones de una extracción de urgencia sin la posibilidad de usar anestesia.

—¿Tienes alguna experiencia en sacar dientes, Yonni? —le pregunta.

—Una vez me dolía una muela y me la saqué con un alicate —responde inocente el minero.

Hasta ahí queda la operación. Ante la nula empatía de Yonni, el diente es tratado con antibióticos.

También el Gallófono sirve de guía para las conversaciones técnicas que permiten conducir a los mineros en labores clave para el desarrollo de la operación. Todas las conversaciones son manejadas de forma muy cuidadosa por parte de los rescatistas, la idea es hacer más llevadera la difícil situación.

Desde el primer minuto, abajo en el refugio, Pedro Cortez y Ariel Ticona han tomado el control de los aspectos técnicos de las comunicaciones. Ellos se turnan para mantener funcionando y cuidar el equipo.

—Se han autonombrado gerente y subgerente de comunicaciones —señala Gallo.

Desde la superficie les dan instrucciones para que ellos armen los sistemas que bajan por las palomas.

Luis Felipe Mujica, otro de los coordinadores del rescate recuerda que cuando se implementa el poliducto por donde se baja la fibra óptica y el cable telefónico, los mineros tuvieron que armar la parte del sistema de videoconferencia que está al interior de la mina.

Se les envían los proyectores pequeños, las cámaras, los micrófonos y otros aparatos, además de una cortina *blackout* que les sirve de telón. Antes que pudieran decirles cómo armar el sistema, ya tenían una buena parte instalada, a pura intuición.

9

No al rescate directo

Mientras la alegría inicial se disipa, vuelve la tranquilidad al campamento y las autoridades deben concentrarse hoy más que nunca en el rescate.

Los pasos por seguir son claros y concretos. La fragilidad de la mina impide una salida directa, por lo que las perforaciones —para que puedan ser liberados los mineros— demandarían entre dos y tres meses, según adelantan los expertos.

Mientras tanto los mineros deben sobrevivir tal como lo han hecho hasta ahora, en el refugio ubicado en lo más profundo de la mina.

Se trata de un lugar carente de comodidades, sin las condiciones básicas de un yacimiento. Por el contrario, la oscuridad y la humedad, el encierro y la ausencia de alimentos, lo hacen un sitio donde nadie podría vivir.

El refugio de la mina San José es una especie de rotura ubicada en uno de los ocho kilómetros de curva que, en forma de espiral, llevan hasta el fondo de la mina, a casi 700 metros de profundidad bajo el nivel del mar.

El espacio, de casi 50 metros cuadrados en el que caben 50 personas, cuenta con pequeñas banquetas y, en teoría, tubos de oxígeno, comida y botellas con agua para soportar el encierro. En teoría, porque según cuentan en los primeros relatos los propios mineros, al momento de quedar encerrados había muy pocos alimentos.

Tienen al menos un espacio de 1,8 kilómetros en donde pueden moverse y el refugio está unido por una galería, con un taller de 200 metros cuadrados.

Las grietas de la mina, una vieja excavación de fines del siglo XIX, permiten la entrada de aire.

En el refugio hay pilas y van turnando o alternando su uso para optimizar el tiempo iluminados. También, para iluminar, utilizan camiones y camionetas que quedaron dentro del corredor.

UN DÍA EN EL FONDO DE LA MINA

Normalidad. Eso es lo que busca el equipo de médicos y psicólogos que trabajan tiempo completo con los mineros. Esperan que los 33 no sufran recaídas anímicas ni dediquen todas sus horas a pensar en el rescate, para evitar más ansiedad. Quieren que tengan una vida todo lo normal que se pueda a 700 metros bajo los pies del resto de los mortales.

La jornada de los trabajadores atrapados comienza a las 7:30 horas con su aseo personal y el desayuno, un frasco del completo alimento *supportant,* un concentrado proteínico. Luego vienen algunas actividades personales como contestar cartas o hacer algún trabajo pendiente, armar las camas, etc. A mediodía almuerzan, luego oran y reflexionan en grupo —una actividad que no fue impuesta por los médicos y psicólogos, sino que ellos hacen por su propio deseo, quizás porque lo necesitan.

Ahora abajo hay algo más que celebrar: ha llegado agua caliente para las infusiones de yerba o el té a las cinco de la tarde, hora del imperdible hábito chileno de tomar *once,* al modo del *afternoon tea* inglés.

La bandera chilena arriba del Campamento Esperanza. Se aprecia a otro grupo de banderas que representan a cada uno de los mineros atrapados.

Carabineros montados a caballo vigilan el campamento.

Preparación de comida en el campamento para las familias de los mineros atrapados.

Santitos repartidos a un costado de la mina para pedir por los trabajadores atrapados.

Oficio religioso para pedir por la salud de los mineros.

Lo primeros días de la construcción del hueco para la cápsula de rescate Fénix.

El Presidente de Chile, Sebastian Piñera, observa el primer ensayo de la cápsula de rescate que bajará a los 700 metros.

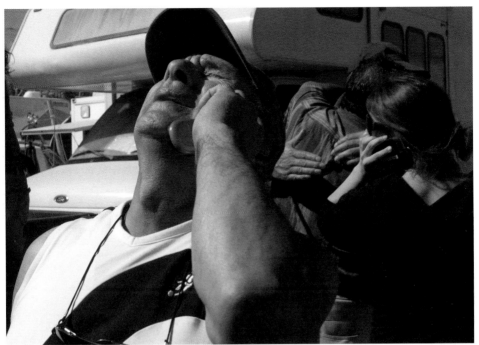

El papá de Raúl Bustos escucha por primera vez que su hijo está vivo bajo la tierra.

El equipo de rescate y el ministro de la mina Laurence Golborne (mitad) celebran la liberación de los mineros atrapados.

4:04 a.m. (October 13); **Florencio Ávalos**, 31

5:10 a.m.; **Mario Sepúlveda Espina**, 40

6:08 a.m.; **Juan Illanes**, 52

7:09 a.m.; **Carlos Mamani**, 24

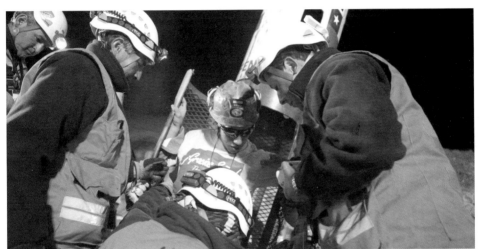

8:10 a.m.; **Jimmy Sánchez**, 19

9:34 a.m.; **Osman Isidro Araya**, 30

10:21 a.m.; **José Ojeda**, 47

11:02 a.m.; **Claudio Yáñez**, 34

11:59 a.m.; **Mario Gómez**, 63

12:52 p.m.; **Alex Vega**, 31

1:31 p.m.; **Jorge Galeguillos**, 55

2:11 p.m.; **Edison Peña**, 34

2:54 p.m.; **Carlos Barrios**, 27

3:30 p.m.; **Victor Zamora**, 34

4:07 p.m.; **Victor Segovia**, 48

4:49 p.m.; **Daniel Herrera**, 37

5:38 p.m.; **Omar Reygadas**, 56

6:49 p.m.; **Esteban Rojas**, 44

7:27 p.m.; **Pablo Rojas**, 45

7:59 p.m.; **Dario Segovia**, 48

8:31 p.m.; **Yonni Barrios Rojas**, 50

9:04 p.m.; **Samuel Ávalos**, 43

9:32 p.m.; **Carlos Bugueño**, 26

9:59 p.m.; **José Henriquez**, 55

10:24 p.m.; **Renán Ávalos**, 29

10:51 p.m.; **Claudio Acuña**, 35

11:18 p.m.; **Franklin Lobos**, 53

11:44 p.m.; **Richard Villaroel**, 23

12:13 a.m. (October 14); **Juan Carlos Aguilar**, 46

12:37 a.m.; **Raúl Bustos**, 40

1:01 a.m.; **Pedro Cortez**, 25

1:28 a.m.; **Ariel Ticona**, 28

1:55 a.m.; **Luis Alberto Urzúa**, 54

La historia popular dice que la palabra *once* viene de la costumbre de los trabajadores de las salitreras a finales del siglo XIX, quienes acompañaban la merienda con un trago de aguardiente. Pero por la existencia de restricciones para beber alcohol, llamaban *once* a tal comida, por la cantidad de letras (11) que posee la palabra aguardiente.

Pese a todos los esfuerzos del exterior y, como es humano, no faltan los mineros que se quejan de las pequeñas porciones de comida. La dieta es variable, entre 2.000 y 2.500 kilocalorías diarias con comidas calientes, con horarios de desayuno, almuerzo, once y cena, y aparte de eso, una colación para el turno nocturno.

"Nos quieren matar de hambre", reclama Darío Segovia en una de sus cartas. En cierta forma su estómago tiene razón, la cantidad es poca para su costumbre alimenticia...pero según el doctor Díaz, también es justa y necesaria para lo que están viviendo.

Todos los días llega al lugar la camioneta de Nelly Galeb, banquetera de Copiapó que prepara las raciones y las lleva calientes hasta el yacimiento.

—Hoy van a comer arroz con carne —explica la mujer, quien siempre anda apurada con el fin de que los alimentos sean consumidos lo antes posible—. El postre es dulce de membrillo —detalla Nelly.

Parece un evento social común y corriente, porque los cubiertos, las servilletas, la sal y hasta los platos de cartón enrollados acompañan el viaje de las palomas que llevan el menú del día.

—Mañana por primera vez vamos a mandarles un plato de porotos —cuenta alegre la banquetera. Los frijoles con zapallo y espagueti son un plato tradicional chileno que los hambrientos comensales de las profundidades le han pedido especialmente y ella, diligente, ya tiene permiso médico para cumplirles.

El psicólogo de la Achs y coordinador de la también conocida Operación San Lorenzo, Alberto Zamora, sostiene que cada día los mineros están asumiendo una rutina laboral, están trabajando su forma física en la medida en que la alimentación y energía lo permitan; reciben las palomas y se abastecen; hay tareas de enfermería; otros construyen el nuevo lugar para instalarse; todos tienen algo que hacer, todos tienen una labor importante para que el grupo pueda seguir mejorando en su condición.

Pero también es una realidad que algunos de los 33 decaen en su ánimo, y lo transmiten a sus parientes por cartas. Es el caso de Jimmy Sánchez, de sólo 19 años, el menor de todos.

—Desde que se sabe que están vivos hay una alegría tremenda de todos, pero de ahí en adelante ellos no están tranquilos, porque donde están ellos no es una manera de vivir para un ser humano —opina Luis Ávalos, familiar de Jimmy—. En las cartas ha expresado que tiene que darse fuerza, y nosotros le hemos contestado que tenga fe en Dios porque ya falta poquito, pero él está aburrido. Imagine, si es joven.

De ahí que la asignación de labores y turnos de trabajo mejora el ambiente en el grupo de los mineros. Antenor, papá de Carlos Barrios, así lo piensa.

—Carlos estaba durmiendo muy poco, unas tres a cuatro horas diarias, entonces ahora con el trabajo está durmiendo un poco más.

Según Antenor, la permanencia en el yacimiento no está exenta de algunos roces y aburrimiento por la inactividad, pero explica que con las tareas y ejercicios asignados, la situación va mejorando.

Nace un periodista bajo tierra

A través de la sonda por la que bajan los alimentos, se les ha llevado a los mineros una cámara para que muestren cuál es su estado y cómo está el refugio en el que se resguardan.

Sus rostros no son de lo mejor. Los 33 evidencian parte de los golpes que este encierro les ha dejado. Abundan las barbas, el aspecto ojeroso y demacrado, pues pasaron muchos días sin comer, pero pese a todo se ven de muy buen ánimo.

Con la cámara de video en mano, los 33 saludan a sus familias, emocionados de saber que pueden comunicarse. Muestran al mundo cómo es el lugar que se ha convertido en su hogar estos días y las instalaciones que han montado ellos mismos para su supervivencia, cómo se entretienen y pasan las horas a la espera de ser rescatados.

Los niños se reparten funciones y entre ellos se designa a algo así como un video periodista, función que recae en Darío Segovia. Él es el encargado de entrevistar a los mineros y de motivarlos también para que saluden a sus familias, ya que se hace necesario dar el último esfuerzo tanto bajo tierra como en la superficie para llegar al día final del rescate.

Afuera esperan ansiosos las imágenes y su resultado es un video de 45 minutos lleno de historia y emoción que comienza a dar la vuelta al mundo.

Las imágenes revelan un lugar oscuro, húmedo, absolutamente inhospitalario. A pesar de aquello, el espacio se nota bien organizado, a pleno orden.

—Acá lo tenemos todo bien organizadito. Por acá tenemos un dominó que hicimos con nuestras propias manos con material que encontramos acá bajo tierra. Este es el lugar donde nosotros nos entretenemos —la cámara avanza y hace un giro—: Aquí hacemos una reunión todos los días, planificamos la jornada y nos repartimos el trabajo —la cámara sigue avanzando—. Y por este otro lado oramos.

Todo está tan bien ordenado que hasta han dejado un lugar para su aseo básico. Continúa su relato en video el periodista Segovia:

—Acá —muestra un vaso con agua— tenemos un espacio para lavarnos los dientes y donde hacemos la limpieza básica.

Tras 45 minutos de grabación el material sube a la superficie. Todos esperan ansiosos. Arriba ya han montado una pantalla gigante en lo que fue la entrada al yacimiento para ser exhibida a las familias, a la prensa y al mundo entero.

Todos emocionados ven con atención las imágenes. A las familias de estos hombres no deja de llamarles la atención cómo están sus rostros, sus cuerpos, la oscuridad del lugar que los cobija. Las lágrimas y la emoción invaden a los que observan. Incluso la prensa está emocionada y qué decir del rostro del ministro Golborne al ver este video.

Al término de la grabación, los 33 obreros entonan con entusiasmo el himno nacional y gritan: "¡Viva Chile, vivan los mineros!". Lo que deja aún más emocionados a los de la superficie.

PUZZLES Y CONDORITO

—¿Oratoria? ¿Y para qué?

Así de sorprendido parece un periodista extranjero durante la entrevista que le concede Alejandro Pino, el director regional de la Asociación Chilena de Seguridad.

—Sí, mi amigo, dije exactamente que les mandamos 33 libros de oratoria a los mineros —enfatiza Pino, ante las preguntas del incrédulo reportero que cubre la noticia del derrumbe, quien no se explica la importancia de enviarles textos que enseñan a hablar con elocuencia. Todo esto, durante una radiante mañana en medio del campamento.

El libro es de la autoría del propio Pino, un ex reportero radial que algo sabe de desastres.

—Me tocó reportear el rescate de otros mineros en Illapel [norte de Chile], en los años sesenta —recuerda—. Esa vez eran menos, salieron a la superficie con los ojos vendados —agrega, rememorando una escena que lo marcó en su juventud.

Cuatro décadas después tiene claro que una vez que estén al alcance de la mano, los medios de comunicación se van a lanzar para obtener las palabras de los mineros. Por eso los quiere preparar ante la marea mediática que, cual tsunami, pronto se les viene encima.

—El objetivo es enseñarles a los mineros sobre cómo entenderse con los periodistas, cómo responder con claridad, potenciar las habilidades naturales que cada uno de ellos posee —aclara—. Para ello, además del texto, planea instruirlos en videoconferencias en cuanto la tecnología implementada lo permita.

La salida final se siente cercana y la conexión con el exterior avanza. Ya les llega la prensa escrita a través de las palomas. Claro, no todas las noticias son aptas para que las lean, especialmente si se trata de ellos mismos. El psicólogo Alberto Iturra explica cómo se filtra la información y los contenidos son revisados y seleccionados.

Las noticias no son el único pedido de lectoría.

—Ellos nos dijeron que les enviáramos la revista de historietas *Condorito* —cuenta el profesional—. Muchos son fanáticos de este personaje.

Se trata del cómic chileno más famoso y tradicional de la cultura criolla. Con certeza, no hay ninguna casa en el país que no haya tenido un ejemplar de *Condorito* sobre la mesa...ni en el fondo de la mina San José.

Otra de las inquietudes, casi una exigencia, son los puzzles y crucigramas. Lo difícil es meterlas en el frasco de 15 centímetros que baja cada día, pero se logra.

El incesante viaje de las palomas incluye algunos vestigios de cotidianeidad. Cualquier tarea común está llena de profundo significado. Como el lavado de ropa, que no es cualquier cosa en la mina San José. Su símbolo es especial, es una forma de decir "te quiero", y es que cada familia recibe en estos paquetes de forma alargada y tubular, las prendas de sus mineros con una emoción que les hace sentirlos más cercanos.

Don Pedro explica que su hijo Pedro Cortez le manda sus toallas, unos shorts y una polerita que le regalaron. Sostiene que la familia está feliz de poder ayudar a su hijo, razón por la cual cada tanto le envían su paquete con ropa limpia.

En medio de este clima distendido, las autoridades anuncian que se terminan las revisiones a las cartas de los familiares a los mineros, un hecho desconocido por los propios parientes, pero que algunos sospechaban sin nunca reclamar formalmente. Este aviso se realiza en una carpa habilitada para la escritura de mensajes, en la que los parientes son asesorados por psicólogos que les recomiendan el tono y las palabras a ocupar en las misivas.

Sin embargo, semanas después se sabe que la revisión nunca acabó. Las autoridades se arrepintieron de la decisión tomada y echaron pie atrás: "No podíamos exponernos a que les hicieran llegar malas noticias", se defiende el doctor Jorge Díaz. "No faltaban las esposas que les detallaban sus problemas, como la urgencia de pagar las cuentas de la casa o insistían en saber cuándo iban a recibir el dinero del sueldo". Elementos que, sin duda, se suman al estrés de los mineros, argumentan los partidarios del filtraje.

HABLAN PARA DECIR NADA

Después de mucho tiempo, Alejandro Bohn, gerente general de Minera San Esteban, la compañía dueña del yacimiento San José, nuevamente saca la voz.

Se decide a hablar en su oficina en Santiago. Nervioso, él y su socio enfrentan a una prensa llena de preguntas: ¿Cuáles eran las condiciones de trabajo de la mina? ¿Había seguridad para los empleados?, ¿Hacía días que ellos venían anunciado que la mina hablaba, como dicen en su jerga? ¿Es cierto que en junio de este año hubo otro derrumbe en la mina que dejó sin una pierna a un trabajador? ¿La mina seguirá operando?

Bohn, entre luces y flashes, adelanta que no se seguirá explotando el pique San José, y reitera que no tenían ningún antecedente que permitiera anticipar un accidente como el que se registró el 5 de agosto.

—Si yo hubiese tenido el más mínimo antecedente que una catástrofe como la que vivimos (...) nunca hubiera permitido que nadie entrara a la mina —trata de explicar Bohn, y agrega—: Aunque es un poco prematuro, nosotros no tenemos ninguna intención de seguir con el yacimiento San José por el momento.

—¿Y qué pasará con estos hombres y sus familias mientras están bajo tierra? —pregunta un periodista.

—Los sueldos los está pagando la empresa. De eso no cabe

ninguna duda. Hemos cumplido con todo lo que corresponde al mes de agosto.

No obstante, con respecto a los pagos durante el período en que se extenderán las operaciones de rescate, que según los especialistas podrían ser por tres o cuatro meses, Bohn indica que se está en conversaciones con las autoridades para determinar los pasos a seguir.

¿Los pasos a seguir?

No hay más respuesta. Alejandro Bohn agradece la presencia de los medios en la oficina de la empresa en Santiago. Comunica que están entregando toda la información posible al Gobierno y los antecedentes de cada uno de los mineros que están atrapados, y que seguirán colaborando para que esta situación termine lo más pronto posible.

No ha dicho nada sobre las familias ni de su relación con ellos. Sabe que no se quedarán de brazos cruzados y que harán todo lo posible para que sus familiares atrapados sean indemnizados.

Alejandro Bohn cruza el umbral de la puerta de su despacho. La prensa se retira inconforme con los antecedentes obtenidos. Alejandro Bohn sabe que lo que viene ahora puede significar la quiebra de sus negocios.

10

"Entendido, doctor"

El ministro Jaime Mañalich, se ha convertido en el vocero oficial respecto de la salud de los mineros. Desde hace dos días, entrega un informe diario a las familias y a la prensa sobre el estado tanto físico como psicológico de los 33 de Atacama.

Asombrado él mismo de lo que ha visto estos días, dice que la salud de los hombres "es extraordinariamente buena", y les ha recomendado caminar y mover sus articulaciones.

Mañalich, en su comunicación diaria con los trabajadores, les advierte que por motivos de sanidad psicológica es necesario establecer turnos, igual como en las faenas mineras, turnos de 12 horas día 12 horas noche, que hagan trabajo efectivo, que se movilicen, que muevan el cuerpo y así prevenir posibles trombosis.

—Entendido, doctor —responden desde abajo los mineros.

Generalmente es Luis Urzúa quien recibe las indicaciones, como jefe del grupo. Arriba las autoridades saben que es él quien debe aglutinar en armonía al grupo de hombres hasta el día del rescate.

Junto a Mañalich se encuentran en la mina San José muchos especialistas que quieren colaborar con las labores de socorro, entre ellos, un experto nutricionista de Santiago, quien asesora las etapas de nutrición que se realizan en este segundo período, el rescate propiamente tal, en base a comestibles más sólidos, distintos a los suplementos iniciales.

—Esta etapa se encuentra centrada en diversos ejes, como son el poder montar condiciones de sanidad estricta para que no se produzcan infecciones; ser capaces de darles alimentos muy sofisticados, pero en poco volumen, además de asegurar una atmósfera lo suficientemente aireada y que los mineros tengan una cantidad de oxígeno suficiente —explica el ministro a las familias.

Todo está acompañado de un paulatino y progresivo apoyo psicológico, el cual se irá produciendo en la medida que exista una comunicación más fluida con los mineros.

Mañalich sabe que esta etapa es más difícil aún, porque la ansiedad invade a los de arriba y a los de abajo, por lo que hace un llamado a la paciencia y colaboración, "para lograr el anhelo de todos los chilenos, como es el feliz término de esta nueva etapa".

A poco andar, el ministro se va acostumbrando a la rutina de enfrentar a los periodistas para entregar un informe médico sobre el estado de salud de los trabajadores atrapados. Se nota cómodo en su nueva función.

Asegura que hoy el panorama es bueno y que no hay personas con diarrea, mientras, sin dar nombre, afirma que "la persona que tenía un problema respiratorio está bien".

—Ellos están muy animosos, hemos partido con un muy buen pie esta fase de rescate.

Todo indica que se está montando una tarea de gran envergadura, y ser capaces de mantener sana a tanta gente bajo tierra, bien alimentados, equilibrados sicológicamente es una misión sin precedentes en la historia médica internacional, según reconocen los propios facultativos que llevan adelante el salvamento.

De momento los trabajadores se encuentran tranquilos y

conscientes de que el rescate demorará un tiempo, aunque no se les ha indicado aún bien el plazo.

"Ayer les informamos que no serán rescatados antes septiembre, pero que podrán estar con sus familias antes de Navidad. Ellos lo han aceptado y están tranquilos".

Abajo, y siguiendo las instrucciones del ministro de Salud, es Yonni Barrios el monitor médico al interior del yacimiento, por sus conocimientos de enfermería.

Yonni realiza la revisión de cada uno de sus compañeros.

—Está haciendo una evaluación médica que será entregada en comunicación directa, incluso con video —dice Mañalich. Barrios, que sólo sabe de primeros auxilios, es la proyección del ministro en el refugio.

Es que a estas alturas es importante monitorear el estado general de salud de cada uno de los mineros, donde la principal preocupación es evitar infecciones y heridas.

Yonni Barrios ya entiende su trascendental rol: velar por la buena salud de todos sus compañeros.

HISTORIAS SIMILARES EN EL MUNDO

La supervivencia de los 33 mineros chilenos resulta bastante excepcional a nivel del mundo, ya que normalmente la esperanza de permanecer con vida tras un accidente de esta naturaleza y en una mina, es de unos pocos días.

Pero este rescate por el trabajo minucioso, altamente experimentado, con la mayor tecnología disponible en el mundo y un mecanismo de operaciones perfectamente cohesionado tiene muchas posibilidades de culminar con éxito. Y precedentes similares existen.

En Estados Unidos el año 2002, nueve mineros estuvieron

bajo tierra durante 78 horas en una mina de carbón de Pensilvania, a 73 metros bajo tierra. Para localizarlos, se utilizaron satélites y se los pudo rescatar sanos y salvos.

Cuatro años más tarde en Polonia, un minero sobrevivió cinco días luego de un desprendimiento en la mina de Halemba, en la región sureña de Silesia. Aguantó sin agua ni comida y respiró gracias a un tubo roto. Fue rescatado el 27 de febrero del 2006.

Ese mismo año en Australia, el día 9 de mayo, luego de permanecer dos semanas encerrados a casi 1.000 metros de profundidad, en una mina de oro en Beaconsfield, dos hombres salieron con vida. Los primeros cinco días sólo tomaron agua de las paredes, antes de recibir alimentos. Un tercero murió.

En China, dos años más tarde, después de estar cinco días sepultados, el 5 de agosto de 2008 los equipos de rescate lograron sacar con vida a ocho mineros en la provincia de Shanxi, en el norte de China. Los trabajadores bebieron su propia orina para sobrevivir.

Dos años después en la misma República China, el 5 de abril de 2010, 115 mineros fueron rescatados tras permanecer ocho días en una mina inundada en Wanjialing. Para sobrevivir comieron trozos de los troncos de pino que apuntalaban las galerías y bebieron agua sucia.

Con todos estos antecedentes, las autoridades chilenas saben que existe la posibilidad de que estos hombres sobrevivieran, quizás no los 33, pero sí gran parte de ellos.

Piden cervezas y perros calientes

—Los 33 mineros que estamos aquí, en el fondo de la mina, bajo un mar de rocas, estamos esperando que todo Chile haga fuerzas para que nos puedan sacar de este infierno —exige desde las profundidades y con energía de minero curtido, Luis Urzúa.

Han pasado ya varios días desde que se halló al grupo y los trabajadores comienzan a inquietarse más de lo debido...pero es comprensible.

Urzúa dialoga con el presidente Sebastián Piñera, quien está en su despacho del palacio de gobierno, a través de un inter-comunicador y aprovecha de recordar lo sucedido la tarde del derrumbe.

—Ese día fue espantoso. Sentimos que venía la montaña bajando hacia nosotros.

Piñera escucha sin abandonar tras una sonrisa la inquietud que tiene por sacarlos pronto.

—Nos salvó el hecho de que el grupo de trabajadores se había atrasado para salir a almorzar en la superficie. De no haber sido así, la camioneta conducida por Franklin Lobos pudo ser aplastada —dice Urzúa ya más aliviado.

—Después llegó el tierral —continúa Urzúa, en referencia a un incesante polvo en suspensión que tardó más de cinco horas en despejarse—. No podíamos ver nada de lo que había pasado ni en qué situación estábamos, hasta que se disipó la tierra y vimos que estábamos atrapados por una enorme roca en el túnel.

Abajo, las noticias de la superficie también llegan a través de las palomas y Luis Urzúa, tras reportar al Mandatario el estado en que se encontraban y cómo había sucedido el accidente, se da el tiempo y la fortaleza para darle el pésame por muerte de su suegro, Eduardo Morel, quien ha fallecido hace pocos días. "Presidente, sabemos que usted también lo está pasando mal, no tan mal como nosotros claro, pero que ha sufrido una importante pérdida". Frase que da muestra incuestionable del impresionante, para todos, sentido de humildad, empatía y solidaridad ante la desgracia del mandatario.

Dentro de todo, el ánimo de los mineros está bien. Y se nota con evidencia en los encargos especiales que le hacen a Sebastián Piñera, como una botella de vino para celebrar el Bicentenario.

Otros piden cervezas, completos (la versión chilena del perro caliente), y cigarrillos. Pero la alimentación no es algo que las autoridades vayan a tomar a la ligera ante la alarmante baja de peso que experimentan, algunos han perdido hasta diez kilos.

Las risas florecen desde el rostro de un mandatario extenuado y agobiado, pero siempre dispuesto para responder ante todas las demandas, tanto de los atrapados como de sus familias.

SALUDOS DE EVO MORALES

Las noticias también son auspiciosas para Carlos Mamani —minero boliviano atrapado en el yacimiento:

—Carlos, —le dice el presidente Piñera—, tus familiares llegaron de tu país, se encuentran acá en el campamento Esperanza, y te digo que el propio presidente de Bolivia, Evo Morales, te mandó todo su apoyo.

La conversación lleva ya 18 minutos y aún queda mucho por hablar. Mamani se tranquiliza y el hecho de saber que su presidente lo apoya, le hace sentir un poco más acompañado espiritualmente.

Como un grito de desahogo, esa misma noche se liberan las

primeras cartas de los trabajadores a sus familiares desde el fondo de la tierra, lo que desata minutos de profunda congoja en el campamento Esperanza.

Las familias corren a un lugar tranquilo con el tesoro más preciado en este momento, instancia que les lleva a deshacer los grupos y aislarse para leer con profunda concentración unas pocas letras de amor, esperanza y desahogo de los atrapados.

Extraño no poder verlo. Lo extraño mucho, no sabe cómo sufre el alma al estar abajo y no poder decirle que estoy bien, escribe Edison Peña a su padre en lágrimas manuscritas.

[Díganle] a la rubia que me alegro de que esté bien del embarazo, desde el primer día tuve la fe y la confianza de salir, no al tiro, pero sí alcanzar a llegar al parto de mi hija, es el mensaje de Ariel Ticona.

Cuando salga de esto, si Dios lo permite, vamos a ir a comprar el vestido de novia y nos vamos a casar por la Iglesia, promete Esteban Rojas a su pareja.

Soy un milagro de nuestro creador, sentencia Juan Illanes.

Mientras, en el fondo del pique los mineros han comenzado a ingerir sopa concentrada con sabor a chocolate, frambuesa y bebidas hidratantes.

SE ASOMA LA DEPRESIÓN

En la mina la situación es preocupante. La intuición de los médicos se hizo carne, o mejor dicho, alma: cinco de los mineros han caído en depresión. Se les ha visto un poco cabizbajos y a ratos decaídos emocionalmente. Se discute entre el equipo médico y se resuelve que —de ser necesario— se les enviará medicamentos antidepresivos y tranquilizantes.

—No me enfoques, no quiero aparecer en nada, solo quiero salir de esta mierda, ya estoy cansado y agotado, quiero estar bien y con mi familia, salir de esta oscuridad que me está matando, ya no sé cuando es de día ni cuando es de noche —reclama uno de los trabajadores, mientras es grabado.

De esta forma los mineros comienzan a manifestar sus ansias, desganos, depresiones...Cinco de los mineros manifiestan explícitamente que no quieren aparecer en los videos que se suben a la superficie para tranquilizar a los familiares. Lo único que quieren es salir.

Esto preocupa a las autoridades después de haber sobrevivido a los primeros 17 días en que no sabían qué pasaría con sus vidas, por lo tanto, este no es el momento de bajar la guardia.

—Depresión es la palabra correcta —asegura el ministro Mañalich al hacer un balance sobre la salud de los mineros y confirma esta situación a los familiares. Intenta tranquilizarlos—. Los más afectados recibirán tratamiento psiquiátrico, no se preocupen. Estamos preparando fármacos para ellos —agrega el ministro—. Sería ingenuo pensar que van a ser capaces de mantener este tremendo ánimo que nos han mostrado durante tan largo período de tiempo.

Para actuar con la celeridad requerida en estos casos, Mañalich y su equipo prepara una larga encuesta de carácter psicológico y entrevistas psiquiátricas para los cinco que están aislados de sus compañeros.

—Han sido tan fuertes...Tenemos que hablar con ellos para que no caigan en depresión —dice uno de los hijos de un minero al enterarse de esta enfermedad anímica por la que pasa un pequeño grupo de los hombres.

QUERELLA CONTRA DUEÑOS DE LA MINA

Los días pasan, la empresa San Esteban responde las consultas del gobierno pero no de las familias de los 33. "No hay respuestas", vocifera un familiar tras el contacto que ha mantenido la compañía con ellos. Por eso se organizan e informan que se querellarán contra los dueños de la mina y los funcionarios públicos del Servicio Nacional de Geología y Minería. Esto alimentado con los argumentos legales de los abogados que buscan asesorarlos, en el minuto preciso.

Con esta acción legal las familias buscan que los propietarios del yacimiento y los titulares del Sernageomin sean condenados por su presunta responsabilidad en el derrumbe.

Esto permite que, acreditada la responsabilidad penal, se abran los patrimonios de todas las personas que resulten sentenciadas y evita, desde el punto de vista civil, que la quiebra anunciada por la mina San José impida a las familias de los mineros obtener las indemnizaciones de perjuicio.

Por su parte, los dueños de la mina reiteran su negativa en admitir responsabilidad en el accidente. "No es momento de asumir culpas ni pedir perdón", asegura agobiado Alejandro Bohn. ¿De qué es momento para la empresa?, se preguntan muchos.

Pese a todos los antecedentes que comenzaron a emerger sobre la falta de condiciones de seguridad en la mina, tanto Bohn como su socio, Marcelo Kemeny, insisten en que "todo funcionó como estaba previsto". Sin embargo, hay 33 vidas en vilo al fondo del yacimiento y han sobrevivido gracias al apoyo de sus familiares y el actuar del gobierno.

En lo que se refiere al ente fiscalizador, algunos parlamentarios chilenos, cercanos a la Concertación (conglomerado de centro-izquierda que lideró el país en las últimas dos décadas y que hoy es oposición) han instado a no "demonizar" al Sernageomin, ya que dicha entidad, sostienen, cuenta con escasos recursos humanos y financieros en algunos sectores del país.

Otros, sin embargo, creen que hay que llegar hasta las últimas consecuencias para aclarar y establecer las responsabilidades.

El abogado que representa a la empresa minera, Hernán Tuane, dice que sus defendidos han sido objeto de "imputaciones calumniosas" y anuncia (frase que gran parte de la opinión pública toma como una amenaza) que la compañía podría declararse en quiebra ante la imposibilidad de cumplir compromisos como el pago del sueldo a los trabajadores y de la operación de rescate. "La empresa cuenta con un patrimonio positivo, pero la firma no está generando ingresos tras el derrumbe".

Estas declaraciones indignan a políticos de todos los sectores. El pensamiento de la sociedad chilena se conjuga y fortalece su rabia con las declaraciones de las principales autoridades del Palacio de La Moneda. Tanto es así que el ministro de Interior de Chile, Rodrigo Hinzpeter, califica la postura de "desfachatada", mientras que la portavoz de gobierno, Ena Von Baer, opina que se trata de algo "impresentable".

EL CONDUCTOR

—Usted puede ver que las cosas aquí también han cambiado. Estamos afeitaditos, tenemos ropa nueva, zapatos que nos mandaron.

El minero Mario Sepúlveda luce mucho más compuesto al mirar la cámara de video. Ya no es el náufrago barbudo y sin ropa que se movía fantasmagóricamente en las primeras imágenes que han llegado desde el fondo del pique, tan parecido a un náufrago.

En la segunda grabación que se conoce, Mario luce una camiseta roja, el rostro limpio y sus frases certeras, como certezas se necesitan en ese momento:

—Acá abajo hay un excelente grupo de trabajo y de profesionales. Esa es una de las cosas que más nos fortalece. Acá amigos míos, y éste es un mensaje para el pueblo entero —agrega en un discurso casi político—: La familia minera amigos míos, no es aquella que conocieron hace 100 ó 150 años. Hoy día, dice fuerte y sin parar, el minero es educado, es un minero con el que se puede hablar, es un minero que puede sacar pecho, compadre, y se puede sentar en cualquier mesa de Chile.

El hombre sabe que está en la mira de todo el mundo.

Las imágenes de la mina son las más esperadas, más que cualquier programa *prime* de la televisión. Cada vez que se muestra a los 33 mineros, los canales lo aprovechan al máximo, porque saben que son ansiadas en todo el mundo. Y en esas tomas llenas de fuerza y esperanza hay un rostro que se repite y que lidera la conducción. Es el mismo Mario que desborda con su energía.

Pareciera darle lo mismo estar a 700 metros bajo tierra, y se nota cada vez más.

Así lo demuestra ante la cámara subterránea, en su prístino lenguaje, en la concatenación asertiva de las ideas que busca transmitir, incluso cuando encabeza un recorrido por el opaco lugar que habita hace casi un mes. Admirable.

El ritmo del dominicano Juan Luis Guerra es la base sonora. Se escucha "El costo de la vida" cuando Mario muestra a sus compañeros, y la despedida, que nadie quiere, menos aún Sepúlveda, llega con la balada "Burbujas de amor", mientras sus compañeros le reclaman, "Ya pueh, todos queremos hablar".

Pero más allá de este "vocero natural", casi todos se dirigen a sus familias por esta vía. El único que se niega, sin detallar motivos, es Ariel Ticona, un hombre tímido y reservado.

Raúl Bustos saluda a su esposa y a sus dos hijas:

—Estamos todos tranquilos, mejor alimentados, nos han llegado calcetines térmicos, así que estamos más cuidaditos.

Yonni Barrios, quien las hace de paramédico, aparece en medio de las bromas de sus compañeros. "Doctor House", lo llaman, y otro pide "van a tener que darle el título de médico cuando salga". El silencioso Yonni sólo atina a sonreír, mientras coloca un parche de nicotina a uno de sus colegas.

El ex futbolista Franklin Lobos, uno de los de mayor edad, extravía un instante su calma y se emociona en cámara al mostrar el retrato de su familia.

—Aquí tengo a mis hijas, mis dos corazones, tengo a mis dos vidas, que me hacen luchar para salir de acá.

La inyección anímica de los 33 cala hondo en los familiares. Algunos no pueden evitar el llanto tras ver el video. Muchos otros, se sorprenden del buen humor y la fe que se siente en las imágenes, principalmente, al ver el término de la transmisión cuando Mario Sepúlveda se despide con otro de sus mensajes:

—Si nosotros nos sentíamos orgullosos de alguna u otra forma del cobre chileno, de la minería chilena, hoy día con lo que se está haciendo nos vamos a sentir mucho más orgullosos. La verdad señores organizadores, señores rescatistas, señor Presidente y toda la gente que hace posible esto hermoso, nosotros estamos muy agradecidos y hoy día le hemos dado muestras de los avances y de los agradecimientos. Ahora los chiquillos quieren despedirse, yo me despido, familia linda los quiero mucho, estoy más firme que nunca, y de aquí adentro vamos a salir los 33 de la manito, eso téngalo por seguro.

Sus palabras, grandes y emotivas, estremecen a millones que se apuñan vestidos de esperanza.

CONTRATIEMPO

Pero no todo son buenas noticias, la vulnerabilidad en las operaciones de rescate también tiene algo que decir, y lo dice fuerte en la región de Atacama.

—¿Ministro qué pasa? Las máquinas no funcionan, no las escuchamos trabajar. ¿Por qué están detenidas?

La perforación final de la máquina Raisebore Strata 950 sufre su primer contratiempo con la detección de una falla en las paredes de la mina en los primeros 20 metros de trabajo, lo que obliga a detener la faena durante unas horas.

El inconveniente, rápidamente superado, es calificado como "esperable" por el ingeniero a cargo del rescate, André Sougarret, pero las familias, ya no quieren contratiempos, ya están cansados.

Sougarret los tranquiliza del modo que puede:

—Desde aquí a los 100 metros esperamos ver fallas, que vamos a ir trabajando en la medida en que las vayamos conociendo —explica y, como queriendo complacer las exigencias a ratos irracionales de los familiares, ordena el reforzamiento de las paredes del ducto por donde intentará subir a la superficie a los mineros.

Esta misma mañana de septiembre llega a Copiapó el gru-

po de expertos de la Agencia Nacional del Espacio Norteamericana (NASA), que accede a una petición del gobierno
para asesorar a los expertos en el cuidado de la salud de los
mineros.

La comitiva, la integra el doctor en psicología y experto en
trastornos de la conducta Albert William Holland, el médico
espacial James David Polck, el ingeniero experto en rescate
submarino Clint Cragg y el jefe médico adjunto del Centro
Espacial Johnson de Houston James Michael Duncan, quienes
no podían creer al ponerse al tanto de la situación, cómo estos
hombres aún se encuentran con vida y con un estado de ánimo notable para la situación. Ello pese a la vasta experiencia
que todos en el mundo sabe que la NASA ha adquirido a lo
largo de sus años de investigación, experimentación y labores
de altísima complejidad.

—Lo primero que haremos —dice Albert William Holland—
es crear condiciones artificiales en el fondo de la mina que reproduzcan el día y la noche.

Con equipamiento, mecanismos de energía y desarrollo de
lámparas LED, este equipo pone manos a la obra, trabaja con
los mineros para reproducir las instalaciones. "¡Tenemos luz
día! Ahora es de noche...". Juegan desde abajo los 33, quienes
ven en la NASA una señal más de que las cosas arriba están
funcionando y lo agradecen en cada videoconferencia, en cada
carta, en cada llamado telefónico a la superficie.

Mientras los ojos están puestos ahora en el equipo de la
NASA, cuyos especialistas ya han logrado complementarse
con sus pares chilenos, en Santiago los dueños de la minera
ingresan un escrito a los tribunales de justicia, llaman además
a una junta de acreedores para revisar la viabilidad financiera
de la empresa.

La gestión es interpretada como una solicitud de quiebra encubierta y recibe el férreo repudio del Gobierno.

—Serán los tribunales los que determinarán las condiciones de esa quiebra. También estamos preocupados por los trabajadores que están hoy día en una situación de inestabilidad laboral —advierte con una rabia muy bien dirigida el ministro Golborne.

11

Reciben rosarios del
Papa Benedicto XVI

Pasados los días y al cumplirse ya un mes de la tragedia la Iglesia Católica comienza a tomar un rol aún más protagónico y de acercamiento. El Arzobispo de Santiago, Cardenal Francisco Javier Errázuriz trae al desierto 33 rosarios bendecidos por el Papa Benedicto XVI y celebra una emotiva misa con los familiares y amigos de los trabajadores que aguardan su rescate.

—Queridos hermanos mineros: con mucha alegría les he traído a cada uno un rosario que el Papa les envía, después de haberlo bendecido personalmente. Él los acompaña con su oración, pidiéndole al Padre de los cielos, por intercesión de Nuestra Señora de la Candelaria y de San Lorenzo, que siga dándoles la fortaleza y la esperanza que el Espíritu Santo aviva en ustedes, y que sean rescatados lo antes posible. Asimismo bendice a sus queridas familias, a sus compañeros y a quienes trabajan día y noche para que puedan salir de la profundidad de la mina. También les he traído una imagen de Nuestra Señora del Rosario con el niño Jesús, nuestro Señor, que están junto a ustedes y los alientan. De mi parte los felicito de corazón. La solidaridad y la alegría que han demostrado y el espíritu de fe que los caracteriza, nos han emocionado a todos los chilenos, y se han constituido en uno de los mejores regalos que recibe nuestra Patria al comenzar las celebraciones de su Bicentenario.

Leído su mensaje y visiblemente emocionado e impregnado del sentir de las familias, Errázuriz —vestido de sotana negra que a esas alturas ya está ploma por la tierra del lugar— habla con los que a esta hora colman el campamento Esperanza.

—Es impresionante cómo este hecho nos une a todos como familia y no hay nadie en Chile que no esté pendiente día a día de lo que a ellos les ocurre.

El Purpurado no deja de destacar el valor de los trabajadores, la fortaleza, alegría, solidaridad y disciplina con que han enfrentado esta situación.

—Lo que ocurrió acá es uno de los más grandes regalos de cómo tiene que ser el Chile del futuro, la colaboración, con fortaleza, esperanza y alegría —proclama al viento, que a esta hora es escaso en el desierto. La pampa simplemente escucha las palabras de fe del Arzobispo Errázuriz, máximo exponente de la Iglesia Católica en Chile.

Después de la misa, y de haber dialogado con los feligreses y familiares, el cardenal se devuelve hacia las autoridades de Gobierno y solicita hablar con los mineros por teléfono.

—Quiero entregarles directamente el mensaje de fe y esperanzas que traigo desde el Vaticano —advierte.

Nadie vacila un minuto y Errázuriz es contactado con los mineros.

El prelado se pone al teléfono fabricado por Pedro Gallo. Desde abajo los agradecimientos respectivos. "La fe mueve montañas, como no va a mover a esta para que nos devuelva a la tierra", vociferan los 33 desde las entrañas de la tierra. Los mineros agradecen y, esta vez, no hay risas ni jolgorio allá abajo, las emociones son trocadas por gestos de reflexión y silentes actos de religiosidad y misticismo.

La fibra óptica toca su corazón

"Suspicious Mind", canta Edison Peña imitando a Elvis Presley. En realidad parece creerse el mismo Rey del Rock. En la pantalla en blanco y negro, 700 metros más arriba, se ve claramente cuando se para del asiento y ensaya algunos pasos como si tuviera un micrófono en las manos.

Su esposa, Angélica Álvarez, lagrimea, entre asombrada y feliz. Ella sabe lo que significa Presley en la vida de este minero fanático de la música. Si Edison le dedica una canción de Elvis significa que está bien. "No hacen falta más palabras", reflexiona la mujer al mirarlo en tiempo real.

La imagen ocurre este sábado 4 de septiembre, a casi un mes del desastre. Un día especial para los habitantes del campamento Esperanza. Horas antes los técnicos de las empresas Bellcom, Micomo y Codelco han instalado la fibra óptica hasta el refugio de los 33.

Durante la mañana han realizado pruebas y a las 14 horas están en condiciones de lograr la ansiada primera comunicación cara a cara con los mineros.

Los familiares están avisados y llegan puntuales, a toda luz nerviosos, y muchos con ropa y peinados nuevos, al punto de encuentro. Los niños se visten con la ropa más linda, como si fueran a un paseo. Una vez que traspasan la barrera, cada familia —tres integrantes por minero— sube a una camioneta que los lleva hasta la misma mina.

Ya en el yacimiento, comienzan a subir con la frente en alto como metáfora de sus esperanzas. La procesión se encamina hacia lo alto y la alegoría se aproxima...

Lo primero que ven boquiabiertos es una caseta especial, acondicionada con asientos, una cámara de video y un micrófono.

Se les aclara imperativamente que en esta primera vez, de poco más de cuatro minutos por persona, sólo los parientes van a observar a los mineros, en grandes pantallas en blanco y negro. Por su parte, los hombres atrapados no verán a sus familiares, sólo escucharán sus voces. Poco y mucho al mismo tiempo para todos.

No hay que agotarlos ni estresarlos, dicen las autoridades a las familias.

No deben deprimirse por lo que sólo pueden entregar señales de alegría y tranquilidad. Los parientes guardan sus ganas de hablar por horas con sus amados y acatan las instrucciones con severidad y disciplina.

—Pedro, ¡fuerza nomás! —le dice su madre Doris Contreras. Ella sale contenta. Su rostro es otro—. Lo vi muy bien a mi hijo, afeitadito y todo... —le cuenta a la prensa.

—Estoy preocupado de las deudas —le dice un poco angustiado el minero Alex Vega a su esposa Jéssica Salgado, acompañada de la menor de sus hijas de tan solo seis años.

—No te preocupes, yo resuelvo eso...¡Te amamos! —le contesta, mientras su hija que sale detrás de las faldas de su madre le dice: "Te quiero mucho, papito".

Siguen las esposas, los hermanos, los familiares, las madres en este peregrinar por comunicarse por primera vez con sus parientes, con sus hombres.

A medida que van saliendo de la cabina la emoción es evidente. Las lágrimas no dejan de correr por sus rostros. "Es impactante ver lo bien que están viviendo hace ya un mes bajo tierra". "No puede dejar de dolerme verlo ahí", son algunas de las frases de las familias.

Los testimonios coinciden en que los hombres están más repuestos físicamente y de ánimo alegre, aunque las mujeres piden a varios que rasuren la barba que crece.

Han llegado mordiéndose los labios por los nervios y se han ido entre lágrimas que rápidamente seca el viento, no así aquellas que van por dentro y que bajan hasta el fondo de sus almas.

El crucial momento coincide con la visita al lugar de cuatro de los rugbistas uruguayos que sobrevivieron en la cordillera de Los Andes al accidente de aviación de 1972.

Están ahí para dar ánimo a los familiares, pero también para dialogar directamente con los mineros, cuya situación les devuelve a la mente los 72 días que, 38 años atrás, los mantuvo entre la vida y la muerte, entre la desilusión y la fe, entre la fatiga y la fuerza.

—Les dijimos que tienen que luchar por salir de ahí, por sus familias y por ellos mismos —relata emocionado José Luis Inciarte, quien recorre el lugar junto a Ramón Sabella, Gustavo Zerbino y Pedro Algorta.

En medio del ambiente festivo, alimentado de más esperanza, Angélica Álvarez guarda en su corazón la última frase que le dijo Edison, sacado casi a la fuerza por el compañero siguiente que quería su turno para hablar. "Cuando salga de aquí vamos a ir a Graceland". Ella confía en que pronto se cumpla el sueño de su pareja...de conocer la mansión de Elvis Presley.

PÍA EN EL CORAZÓN DE LAS MUJERES

Quien quizá vive más de cerca las desesperanzas y conflictos de las mujeres es Pía Borgna, casada con el ingeniero Miguel Fortt, el ideólogo de los sondajes múltiples, quien generó inicialmente desconfianza entre las autoridades por su categórica propuesta técnica.

No obstante, Miguel triunfó con sus ideas, pero de la mano incondicional de su esposa.

Pía luce joven, bonita, sus ancestros italianos marcan una estirpe erguida que llama la atención en países insulares como Chile.

Sus ademanes y vocabulario también dibujan un perfil distinto al que predomina en el campamento Esperanza, pero sabe con inteligencia y humildad acoplarse para ganar el cariño de sus congéneres y ser una más en el reducto desértico.

Pía no sabe nada de la profesión de Miguel, ni mucho menos del mundo minero, pero halla las fórmulas precisas y los momentos adecuados para mirar a los ojos a cada una de sus nuevas compañeras y regalarles el apoyo en los buenos y malos momentos.

Pía ha sido hasta hoy, curiosamente piadosa, mucho más que los oídos necesarios y las respuestas justas...una mediadora en los conflictos...una consejera...una amiga.

Fuente de este cariño es el apoyo que día a día entrega ella junto a su marido en la mina, y que se vio enaltecido justo cuando más se hacía necesario: los días previos al hallazgo con vida de los accidentados, cuando los rumores pesimistas sobrepasaban a las noticias certeras y, entonces, las esperanzas se desmoronaban.

Sin embargo, esta vendedora de productos intangibles por oficio, se ha transformado no sólo en la ayuda espiritual, sino que se encarga de viajar cada día a Copiapó para comprar comida, mate, remedios y todo cuanto sea necesario para sus nuevas amigas.

Pía es la confidente de las esposas de estos mineros que permanecen atrapados.

Mucho tiempo ha transcurrido y mucho tiempo también queda para reflexionar sobre el día en que sus esposos vuelvan a la vida normal, según ellas esperan.

—Es que hay mujeres que derechamente no tenían buenas relaciones con sus parejas y otras que se estaban reencontrando antes del accidente —dice con apasionada calma y tratando de ocultar el legítimo orgullo de llevar adelante esta renovada fiel tarea que jamás imaginó para ella.

PILARES DE LA FAMILIA MINERA

Las mujeres de los mineros son especialmente estoicas.

Las inclemencias del desierto y el esforzado trabajo de sus hombres las han llenado de una fortaleza difícil de encontrar entre tanta soledad acompañada.

Muchas de ellas son nortinas, hermanas, hijas, nietas y bisnietas de mineros...Conocen ese mundo desde que nacieron. Otras han llegado desde distintas ciudades de Chile y se adaptan a la nueva vida manteniendo sus propias costumbres, léxico y tradiciones.

Las mujeres de los mineros no sólo son abnegadas en el completo cuidado de sus hijos, en mantener la casa de la mejor manera, sino también en ser el soporte espiritual y físico de quienes escarban la tierra en busca del sustento.

Tienen presente a diario el ancestral machismo que ha marcado generaciones, y que si bien ha cambiado en los últimos años, todavía persiste.

Todo lo hacen con la extrema delicadeza que surge desde el amor por seres más queridos.

A sus hombres proveedores los tratan con especial cuidado y la comida es un tema muy importante, una extensión del afecto y el cariño hacia ellos.

En el norte de Chile, las verduras y frutas escasean por su alto precio. Deben ellas, entonces, nutrir la alimentación con comidas cundidoras y reponedoras.

Mucho carbohidrato, abundante legumbre sobre la mesa.

En el norte es usual mezclar las carnes con papas, arroz y

frituras en el mismo plato, a evidente diferencia de lo que opinan los expertos en nutrición.

Sin embargo, lo óptimo no es siempre lo necesario, ni lo que se tiene a mano. El charquicán (único estofado exclusivamente chileno que incluye carne molida, papas, zapallo y verduras); el tomaticán (carne arrebozada con papas, cebolla frita y choclo); los porotos con riendas; las lentejas, arvejas y garbanzos, siempre con arroz y huevo, son parte de la dieta diaria de las casas nortinas.

El desayuno es un punto aparte. Décadas indican que debe ser fuerte en calorías, quizá por su proveniencia anglosajona, y las viandas más aún.

El hombre tiene que estar bien alimentado y a su regreso a casa, la cerveza —*pilsener* como se le llamó durante años por la histórica marca— muy helada en verano, así como el vaso de vino servido apenas suene la llave en la puerta de entrada del hogar.

Parte de esa personalidad está plasmada en la forma en que se organiza el campamento Esperanza, en que mediante el liderazgo de María Segovia, cada una ocupa un lugar y cumple una tarea.

Tal es el compromiso que han sido capaces de dejar a un lado diferencias, rencillas, conflictos por dineros y otras dificultades muy inferiores al bien superior y común: ver a sus hombres vivos nuevamente sobre la tierra y abrazarlos, quizá como nunca lo hicieron antes.

LA DOBLE VIDA DE YONNI

En medio de la tragedia y la esperanza, la vida suele imponer situaciones que ocurren en cualquier momento, en la circunstancia que sea.

Marta Salinas enfrentaba una incómoda situación. Ella es la esposa legal hace 28 años de Yonni Barrios, pero sólo legal porque Barrios convivía hace meses con su nueva mujer, Susana Valenzuela.

Marta fue una de las primeras en hacerse presente en la mina, pero la llegada de la familia de la reciente pareja del minero, hace la situación insostenible.

Ella no soporta la presión del medio y ya piensa volver a Copiapó, donde tiene un almacén.

Marta Salinas creía que los 33 estaban muertos. Tanto así que su rol en la mina hasta hace poco fue pedir que entregaran sus cuerpos.

Sin embargo, están vivos, y Yonni más "vivo" que otros.

Mientras tanto, curiosa, cuestionable y hasta ardua de entender es la decisión de Yonni Barrios: entusiasmado, y ajeno a cualquier hostilidad marital, quiere ser recibido por Marta y Susana cuando salga del refugio.

Invitó a ambas.

No obstante, la respuesta de su ex mujer es categórica y cerrada:

—Estoy contenta porque Yonni se salvó, es un milagro de Dios, pero yo no voy con él cuando salga —sostiene con dolorosa dignidad.

8 DE SEPTIEMBRE

La angustia y la ansiedad han comenzado a tomarse por asalto la mina San José. Algunos trabajadores no han querido hacer uso de su minuto de videoconferencia con sus familiares, en protesta por el poco tiempo de comunicación y la censura a los mensajes enviados desde la superficie.

—Estoy molesto, todo está muy desordenado, el tiempo de comunicación con las familias es muy corto. No alcanzamos a saber qué sucede arriba —dice a su familia Víctor Vargas, mientras que en la superficie muchos de los parientes también manifiestan su molestia por la selección rigurosa que se les aplica a las cartas.

—Ministro...¿por qué no llegan las cartas a nuestros hombres? —gritan enojadas las esposas. La autoridad no pierde la compostura ante los reclamos, ni menos extravía el rumbo diseñado para un rescate seguro. Claro que en el fondo entienden el pesar de los parientes.

Pese a la postura de las autoridades, los familiares conversan entre ellos sobre la angustia y ansiedad en ser rescatados que se ha apoderado de los mineros.

—Quiero ser el primero en salir —le dice el boliviano Carlos Mamani a sus compañeros—. Quiero que me rescaten lo antes posible...ya no aguanto más.

Verónica Quispe, su esposa, se muestra preocupada ante los dichos del cónyuge:

—El está bien, pero lo que más recalca es que quiere que lo saquen de las profundidades, como también lo han pedido algunos compañeros chilenos.

La mujer demanda la presencia del presidente de Bolivia, Evo Morales, a la mina San José, en el marco de la gira que hará a Chile para las celebraciones del Bicentenario, el próximo 18 de septiembre.

—Está pasando lo que muchos temíamos, se están angustiando —asevera Nélida Villalba, la madre de Pablo Rojas, a las autoridades.

A partir de estas quejas de familiares y mineros, el ministro de Salud accede a alargar la comunicación a cinco minutos por familia. "Es una concesión humana, de una alteración muy leve, que no afecta las directrices de lo que estamos realizando", confiesa un componente del equipo asesor ministerial.

PENAS Y MOLESTIAS

Cuando los requerimientos de los parientes han sido resueltos, los capítulos prosiguen en esta cinematográfica historia sobre y bajo el suelo más seco de la Tierra.

El minero Mario Sepúlveda comenta a su padre que la convivencia se ha tornado difícil en el campamento "Los 33", como bautizaron su asentamiento en el fondo del pique.

—Nos dijo que habían tenido unos problemas allá abajo, pero que ya los habían arreglado. [Para evitarlos] tuvieron una reunión en la que acordaron evitar estos problemas —dice Mario Sepúlveda padre.

El psicólogo Alberto Iturra atribuye los inconvenientes a la falta de coordinación en las videoconferencias.

—Se debieron al horario y los tiempos que necesitaban ellos de expresión, porque se estaban haciendo conferencias muy cortas —argumenta el encargado.

Mientras, la Oficina Nacional de Emergencias difunde un escueto comunicado, en el cual informa que uno de los mineros sufre de un "problema tensional", producto de una patología previa y que está siendo tratado con medicamentos.

De la misma forma, el organismo da cuenta de que otro de los mineros ha presentado un intenso dolor de muelas, por lo que le fue cambiado el tratamiento con antibióticos que se le estaba practicando.

Uno de los expertos de la NASA, Albert Holland, quien se ha mantenido en el campamento, aclara sobre la ansiedad reinante y alerta sobre el duro reto que les espera a los mineros el día de su salida. Todos imaginan la experiencia que deben vivir quienes pasan mucho tiempo en el espacio y luego vuelven a la Tierra, ahora es al revés. Se espera que estos hombres suban desde las entrañas de los cerros a la superficie. Sin embargo, el reencuentro después de tanto aislamiento es similar, es el pensamiento de gran parte de los chilenos que cada día y en cada lugar del país hablan del tema...todos tienen algo que decir.

—Hay un gran foco en la inmediatez de sacarlos de la mina y ahora están empezando a ajustar su manera de pensar, está empezando a cambiar la mentalidad respecto de que esto es una maratón y no un sprint, y que las maratones tienen un ritmo muy diferente, requieren estrategias (...). Cuando los mineros salgan, tendrán por derecho propio un cierto estatus de celebridades en su país y habrá muchas presiones de la sociedad, de los medios, que querrán una parte de su tiempo. Habrá que protegerlos a ellos y a sus familias, médica y psicológicamente, durante las primeras 24 a 48 horas tras su rescate —recomienda el psicólogo norteamericano.

Con todo, las perforaciones avanzan de acuerdo con lo previsto. Mientras la Raisebore Strata 950 supera ya los 113 metros de profundidad, la Schramm T-130 —el denominado plan B— llega a los 123 metros. Tal rapidez, requerirá de un nuevo trabajo de perforación para ensanchar el orificio.

—La T-130 parte con una perforación guía, por lo tanto tiene menos material que carcomer. Primero debe hacer un repaso para después rehacer el hoyo y volver a aumentar el diámetro, eso significa dos veces el trabajo —explican las autoridades ante la ignorancia de muchos, quienes sólo quieren ver a los mineros arriba, sobre la tierra, a salvo, con vida.

Al mismo tiempo, los encargados del rescate trabajan afanosamente en la instalación de una plataforma que soporte la perforadora petrolera —el plan C— que comenzará a llegar por partes, a bordo de 42 camiones, hasta la mina San José.

Por su parte, el ministro de Salud, Jaime Mañalich, anuncia que se construirá un hospital de campaña y un helipuerto a metros de la boca de la mina para atender y trasladar a los mineros cuando sean rescatados, presuntamente, a mediados de octubre. Ya todo comienza a tomar forma para el rescate final.

12

$\diamond$

Nace Esperanza

—Apúrate, apúrate, que vamos atrasados —grita María Yáñez a Héctor Ticona. Los padres de Ariel, uno de los 33 atrapados. Suben raudos las escaleras de la clínica Copiapó. No quieren perderse el nacimiento de su tercera nieta. Detrás de ellos, a pocos cuantos pasos, los camarógrafos los siguen con sus máquinas listas.

La pequeña llega al mundo, por cesárea, a las 12:22 horas. Pesa 3 kilos 50 gramos y mide 48 centímetros.

—Es igual a su papá —opina la feliz abuela apenas la ve—. Siento emoción, pero estoy un poquito triste porque mi hijo no presenció el parto.

Inés Yáñez, tía del trabajador minero, también coincide en que para ellos la noticia los llena de emociones encontradas.

—Me hubiera gustado que mi sobrino hubiera estado. Por eso nosotros estamos acá para apoyar. Se parece mucho a él, en su rostro, su pelito.

A menudo es casi imposible describir un rostro cuando las emociones y las sensaciones se cubren como en una madeja que todo lo confunde...la alegría y el dolor.

Es el momento que la familia espera con ansias, sobre todo después que a los ocho meses de embarazo, el derrumbe alejó a Ariel de su esposa y de sus otros dos hijos: Steven, de 5 años, y Jean Pierre, de 9.

—Mi cuñada lloró toda la noche antes del parto, nunca se

imaginó que ese día Ariel aún iba a estar atrapado en el yacimiento —comenta Verónica, hermana del minero.

El feliz momento en la clínica es captado por todas las
cámaras de televisión que allí caben. Uno de los reporteros
facilita las imágenes a la familia, que las llevan corriendo hasta la mina. A las cinco de la tarde el video baja por la paloma.
Ariel puede ver al fin y por primera vez a su hija. Los lagrimones escondidos son de muchos de sus compañeros y el
papá es felicitado por todos.

El mismo día en que nace la bebé de Ariel Ticona, los expertos de la Armada de Chile, ingenieros y rescatistas realizan
las primeras pruebas de la jaula de rescate para sacar a los
mineros.

Con un pedazo de madera el ingeniero Miguel Fortt, pre-
cursor de los sondajes múltiples, explica a los familiares el diseño de la cápsula que va a sacar a sus parientes. "Tiene la
forma de una salchicha", dibuja en la tierra con el palo.

El cilindro, diseñado por el ingeniero Alejandro Poblete y
elaborado en los astilleros de la Armada de Chile, en la sureña
ciudad de Talcahuano, ya tiene experiencia en otros rescates
mineros. Muchos hablan del "cilindro de vida", porque, en el
fondo, eso es.

El aparato consta de una plancha de acero de 4 milímetros
de espesor, 54 centímetros de diámetro exterior, y en sus ex-
tremos dos troncos cónicos de base circular. El largo máximo
de la cápsula será de 2,5 metros. El peso aproximado, sin carga, se estima en 250 kilos.

Tiene la particularidad de llevar ocho ruedas retráctiles en
sus costados para evitar los roces con el borde del pozo. La
idea es amortiguar los golpes durante el trayecto de salida.
Todo tiene su razón de ser en la operación.

Dentro de la cápsula hay una red de suministro de aire a presión, con una carga de gas respirable, cuya cantidad define el equipo médico y que denomina: "a demanda", mediante una conexión directa de la vía respiratoria. El almacenamiento del suministro de aire, se realiza con botellas de 165 litros cada una, lo que asegura unas 3 horas de duración.

Si llega a producirse un contratiempo, el vehículo cuenta con un sistema de escape. Su parte inferior se desprende y por ahí el pasajero de la cápsula debe descender por una cuerda hasta retornar al fondo del pique.

En el interior, y para afirmar al rescatado, existe un arnés de cuatro puntas con broche de accionamiento rápido para asegurar al pasajero por los hombros y la entrepierna. El sistema sirve tanto para subir, como para descender.

—Vamos a probarlo hasta quedar totalmente satisfechos de los resultados —insiste Fortt. Su diagrama improvisado en la polvorienta calle del campamento deja con más confianza a los familiares.

A kilómetros de ahí, en la clínica, en ese mismo momento el nombre de la nueva integrante de la familia Ticona surge instantáneo. Es casi evidente...Al saber que es niña, los padres querían llamarla Carolina Elizabeth. Pero tras el accidente esos planes cambian y es el propio Ariel quien en una de sus cartas sugiere otro, el más simbólico, el que mejor plasma lo que hoy ocurre en sus vidas. La niña se llama Esperanza.

Se podría adelantar el rescate

Luego de un mes, los rumores, suposiciones y la natural presión sobre los equipos de rescate, al parecer vienen llegando a su fin. A estas alturas el popular ministro de Minería, Laurence Golborne, confirma entusiasmado y asumiendo un riesgo que, de no resultar podría tener consecuencias inimaginables, que el rescate se puede adelantar para la segunda quincena de octubre.

La noticia es entregada a los familiares por el propio secretario de Estado, quien asegura que luego de superar varios problemas geológicos, las máquinas están en condiciones de alcanzar su objetivo en los días posteriores al 15 de octubre.

"La buena noticia es que gracias al análisis que hicimos en conjunto con el equipo técnico, estamos en condiciones de estimar que el rescate de nuestros mineros se puede producir en la segunda quincena del mes de octubre".

Golborne es humilde al explicar que han pasado algunas zonas críticas de la perforación, lo cual les permite ser ligeramente más optimistas en los tiempos para concretar el rescate. Se han ido resolviendo los temas técnicos y superando los sectores geológicos del cerro que los tenían preocupados.

La gran noticia supera las expectativas de días previos que situaban el momento del proceso del rescate para los primeros días de noviembre. Y las familias comienzan a prepararse para el retorno y renacimiento de sus seres queridos.

EMOTIVA CELEBRACIÓN BICENTENARIA

Ya es mediodía y el calor se atreve a pasmar la cabeza de decenas de personas sometidas a los ardientes rayos solares que sólo conoce el desierto de Atacama.

No hay sombra ni quitasoles, no hay sombrillas ni paraguas, sólo una alta temperatura que aumenta, tal como un grupo humano que se reúne en el campamento Esperanza para dar inicio a la celebración de Fiestas Patrias.

Un orfeón de carabineros, con policías impecablemente vestidos, eleva los acordes del Himno Nacional que las familias de los mineros siguen entre sollozos.

"Dulce Patria, recibe los votos. Con que Chile en tus aras juró. Que o la tumba serás de los libres...!!!". Se escucha con fuerza y emoción entre familiares, amigos, uno que otro periodista y trabajadores congregados en el lugar. Una ceremonia extremadamente emotiva.

La bandera nacional es izada en un asta de base roja en recuerdo de las marcas que los trabajadores hicieron en el taladro el 22 de agosto pasado, cuando se confirmó que estaban vivos después de 17 días sin saber de ellos.

Mientras tanto, en el resto del país millones de ciudadanos se congregan en plazas y fondas para cantar al unísono la canción nacional imaginando, desde el fondo de su solidario patriotismo, cómo estarán celebrando las fiestas del Bicentenario los compatriotas atrapados.

A la luz de los hechos, se trata de una celebración muy especial. No sólo porque a diferencia del resto del continente, en Chile escasean los carnavales y festividades masivas. No sólo porque el país cumple hoy doscientos años de independencia. Sino además, porque los 33 hombres bajo tierra, hacen a la nación entera transitar —más unida que nunca— entre la angustia, la solidaridad, la fuerza y la esperanza.

JUEGOS CRIOLLOS

Ya en Copiapó, y una vez cumplidos los ritos de la tradición republicana, la ciudad se cubre de fiesta, la que en el norte se caracteriza por la instalación callejera de pequeños centros de diversiones, donde conviven juegos tan sencillos y diversos como la práctica de lanzar bolas de trapo para derribar "gatos porfiados" (tarros de leche pintados con caras de felinos y, también, llenos de piedras para que las "víctimas" no caigan tan fácilmente).

Además, luce la competencia del trompo, un juguete criollo donde la habilidad se combina con la astucia para que el artefacto en forma de pera gire y gire hasta que su punta de metal resista más que el resto sobre el cemento o la tierra.

No está ausente, asimismo, el infaltable juego del lanzamiento de la argolla que busca acertar a un conjunto de botellas.

A distancia regulada, los participantes afinan su puntería y tratan que los aros de madera encajen en el gollete de alguna de las botellas...quien acierta, se lleva el licor en que cae la argolla.

Con los premios en la mano, o la resignación en el rostro, se escuchan las primeras cuecas de la jornada.

Claro que muy chilenas serán, pero duran poco y las pistas de baile dan paso a las cumbias, que encienden los ánimos y dominan las horas de los patriotas hasta la madrugada.

Sin embargo, la algarabía de la superficie contrasta con el festejo de los 33 mineros atrapados en el yacimiento San José que, a pesar del encierro, de igual forma cumplen con uno de los ritos culinarios más tradicionales del país, pues tienen la oportunidad de comer las tradicionales empanadas enviadas, tras un riguroso control, por los nutricionistas que trabajan junto al equipo médico.

Claro que las empanadas bajadas al refugio son rectangulares, muy distintas a las que han empuñado en su mano desde siempre, aquellas semi cuadradas o triangulares cuando llevan ají.

Las de ahora son de formato alargado con bordes reforzados, muy parecidas a una chaparrita (salchicha envuelta en masas de hoja y queso).

Si bien tienen una forma diferente, fueron elaboradas con los clásicos ingredientes: harina, huevo, manteca vegetal, carne, uvas pasas, aceituna y la jugosa cebolla.

De postre: papayas en su jugo, fruto abundante en la cuarta región chilena de Coquimbo, a pocos kilómetros de Copiapó.

SIN ALCOHOL, UNA DECISIÓN TAJANTE

Las autoridades aseguran que el alcohol podría generar un serio desequilibrio en la dinámica grupal si se les permite recibir algunas dosis, tal como lo han solicitado los mineros.

El jefe del equipo de sicólogos, Alberto Iturra explica las razones:

—No estamos de fiesta, respetemos a los familiares. No debemos añadir una nueva variable a un ambiente no controlado como el área que utilizan los trabajadores para interactuar entre ellos.

El doctor Iturra asume una postura aún más seria para indicar que el país tiene una experiencia de 600 años en minería, y la historia asegura que en las minas no se bebe alcohol.

—El nivel de humedad hace sudar más rápido y los niveles de alcohol no son absorbidos por el organismo de igual manera que en un ambiente externo —explica categórico—. ¿Qué pasaría si uno de los mineros no quiere beber y le entrega su ración a un compañero? ¿Quién controla eso? Podría generarse algo bastante complejo y no necesitamos nuevos factores de riesgo adicionales.

13

Contacto final con el taller

La neblina es espesa...espesa aunque la madrugada ya no es más que una gélida estela en el aire. Tal parece que la camanchaca, una niebla densa y baja, no ha querido seguir su rumbo habitual hacia el norte y prefiere presenciar lo que, presume, se viene.

Los días previos ha dominado el sol desde muy temprano, pero hoy sábado 9 de octubre la mañana es húmeda y cerrada en la mina. Amanece y el frío insolente obliga a movilizar la acostumbrada caravana de cafés y mates.

Las tazas calientes corren de mano en mano en las distintas carpas del campamento. Hay un silencio inquieto, tenso. Nadie ha pegado los ojos desde la noche anterior, porque ahora es más cierta que nunca la posibilidad que la máquina T-130 rompa, por fin, la dura corteza de tierra y llegue hasta los 33 atrapados.

Por eso a nadie le duele el frío. Por eso lo único que se quiere es escuchar, por fin, a esa la bocina que pondrá en alerta la inminencia del gran momento.

Con abrigos cerrados hasta el cuello y gorros de lana cubriendo incluso los ojos, algunos dan saltitos, nerviosos, alternando la movilidad de ambas piernas para procurar algo parecido al calor, mientras otros calientan las palmas de sus manos con el aliento propio.

Desde hace horas, durante el reinado de las estrellas, el ánimo de los familiares también está en las alturas, en el firmamento.

—Luego parte la vigilia, chiquillos. Participan todos los que quieran —grita a todo fervor María Segovia, la famosa alcaldesa de Esperanza—. Vamos a orar con un pastor que nos viene a acompañar hasta que escuchemos cuando los trabajadores toquen las bocinas igual como pasó cuando encontraron vivos a los niños —agrega, presagiando lo que ocurriría minutos después.

Cerca de allí, Jessica Yáñez, la misma a la que el minero Esteban Rojo le pidió matrimonio por la iglesia apenas saliera del yacimiento, también intenta recuperarse del trasnoche, mentalizada en las próximas acciones.

—Hay que tener una última cuota de paciencia —dice esperanzada. Ella ya piensa en una luna de miel que Esteban mencionó en la última carta que le escribió desde la mina—. Nos vamos a ir muy lejos, lo más lejos que se pueda, donde no haya periodistas —lanza con una picarona carcajada.

Es ese el ambiente en el campamento, de vigor y mucha cautela.

El bullicio es máximo, pero si alguien pudiera dejar de oír su alrededor humano, en un esfuerzo trascendental, quizá lograría escuchar cómo crujen los suelos de la pampa. No por los habituales movimientos telúricos, sino por las ansias y congoja de la tierra. Después de todo, los suelos del desierto han sido el telón sobre el cual se ha dibujado esta historia.

Hasta que a las 8:05 suena la esperada señal.

Muchos saltan, otros gritan. Varios dudan en quietud para asegurarse que es verdad...

Y es verdad.

La bocina suena, la salvación de los hombres está más cerca que nunca. El milagro llegó, y se hará carne en pocas horas.

La perforadora T-130, que lleva 33 días horadando el suelo

obstinado que mantiene a 33 hombres bajo tierra. Finalmente hace contacto con el taller. Al romper en la galería con la totalidad del martillo completa los 622 metros de túnel por donde emergerán los trabajadores.

Con esto, se han cumplido 33 días de perforación en busca de 33 mineros, una llamativa coincidencia numérica, por decir lo menos.

La belleza del alma sobre la piel

Cuando el rescate de los mineros parece inminente, las mujeres del campamento Esperanza inician una frenética carrera por cambiar de apariencia.

Quieren verse lindas para cuando vuelvan sus esposos.

—Yo nunca me había hecho nada en el pelo, ahora me hice mechas, me corté el pelo (...), lo espero ansiosa —sonríe la pareja de Claudio Yáñez, pero a la vez se le llenan los ojos de lágrimas.

Es que después de dos meses sin ver a Claudio quiere recibirlo hermosa, al hombre con el que comparte su vida desde hace diez años y con quien tiene dos hijos, uno de 8 años y otra de uno.

Ellas manifestaban ciertos temores, se preguntan cómo volverán sus hombres, tienen miedo de las reacciones, saben que tienen que comenzar de nuevo, una conquista, un pololeo. Todas saben que los maridos no llegarán así como si volvieran de un día para el otro de sus trabajos.

"Él se tiene que adaptar a nosotras, no nosotras a nuestro marido", dice una. O, "tenemos que tener más cuidado con ellos cuando regresen a la casa, que no se alteren mucho", dice otra. "Pucha mi marido sólo va a querer tomarse un trago y yo no quiero que tome porque va a llegar muy débil", expresa una tercera. Todas tienen sus preocupaciones, nadie sabe cómo será tenerlos de regreso en casa.

¿Cómo plantear ese reencuentro? ¿Deberán enfrentar a otro hombre? ¿Realmente se quieren reencontrar con él? Son miles las preguntas que se agolpan en sus cabezas y cada una intenta encontrar la manera de enfrentarse a este nuevo suceso, a esta nueva etapa de su vida en pareja.

Pero como mujeres decididas y empoderadas, comienzan su propia preparación para enfrentar temores y derribar fantasmas.

Unas rezan con más fervor que nunca, mientras, las más, parten a comprar lencería para recibirlos, un juego dentro de esos momentos de nerviosismo.

Algunas vuelven de Copiapó con portaligas, otras con corsés.

Tan fuerte e importante ha sido el tema del reencuentro a solas, que hasta el campamento Esperanza han llegado vendedoras de ropa interior, vendida muy rápidamente.

Claramente, más allá del reencuentro con sus maridos, ellas mismas se reencuentran con su feminidad y coquetería.

LOS EXTRANJEROS ADOPTADOS

La esposa del minero boliviano Carlos Mamani ya se ha hecho las manos, se pintó las uñas de color granate y se cortó su cabellera negra que provocó la envidia de centenares de mujeres, entre socorristas, familiares y periodistas que se congregan en el campamento.

—Quiero estar bien linda —dice Verónica Quispe, de 25 años, casada desde hace cinco con Carlos Mamani, quien ingresó a trabajar en la mina tan sólo cinco días antes del derrumbe—. Nosotras a pesar del sufrimiento que hemos pasado, sentimos que esto nos cambió la vida. Quizá Dios haya hecho esto para mejorar nuestra vida —cree con convicción esta mujer que, como varias en el campamento, aguarda con ansias el reencuentro con su marido.

Pese a la cercanía geográfica, Verónica está en un país ajeno, con el cual Chile ha mantenido diferencias por siglos.

Ella sentía un temor adicional al del resto: el ser segregada.

Sin embargo, nada de eso a nadie le importó porque en esta eterna vigilia ha imperado lo mejor de las cualidades del ser humano.

La boliviana y sus comentarios sobre Carlos, los recuerdos de su vida en Bolivia, sus esperanzas, sus planes a futuro, han sido tan bien recibidos que en pocos días se incorporó como una más al "clan" de las mujeres chilenas.

LA LUCHA POR EL BIEN COMÚN

Estas mujeres...madres, esposas, hijas, parejas, pololas, convivientes, chilenas y extranjera, se entrelazan en un vuelco de vida el 5 de agosto del 2010 cuando el yacimiento San José se derrumbó.

Luego llega el momento en que las diferencias, la competitividad y las rivalidades femeninas desaparecen.

Quizá no para siempre, pero sí lo suficiente para luchar por el bien común y superior que las une: ver otra vez a sus hombres vivos.

La desesperación, la rabia, la pena han sido sentimientos que, aunque inevitablemente humanos, superados con el desahogo de la oración nocturna, con la reforzada fe de que las cosas saldrán bien pese a los pronósticos primarios de los expertos.

Y el templo de dicha unión, complicidad, del apoyo mancomunado, donde imitan su rutina doméstica, incluso algunas con sus propios hijos, ha sido el ya famoso campamento Esperanza, pleno de esa femenina estoicidad que la humanidad siempre necesita.

"ESTAMOS LISTOS, COMPADRE"

Apenas escucha el largo rugido de la sirena, el profesor de la escuelita instalada en la mina, Raúl Valencia, se despoja de su saco de dormir y corre descalzo hasta la campana usada para llamar a clases a sus escasos alumnos.

La toca con todas sus fuerzas, casi compulsivamente, por casi 15 minutos. "Quedé con un pito en los oídos", recuerda, todavía riendo por su espontánea manera de pregonar el triunfo de esta jornada.

A pocos metros del ruidoso tañido metálico, Wilson Ávalos, hermano de los mineros Florencio y Renán, observa todo como en cámara lenta, mientras las lágrimas dibujan dos diminutos riachuelos salados bajando verticales por sus mejillas.

Él es uno de los primeros en enterarse del feliz desenlace, cuando un amigo que trabaja en las faenas lo llama cumpliendo una promesa. "Estamos listos, compadre", es todo lo que oye por el teléfono celular. No necesita saber más.

—Por fin comienza a terminar tanta tristeza ¿O acaso usted cree que voy a echar de menos estar sentado aquí, bajo este toldo todo el día? —reflexiona con el rostro encendido de risa.

Ahí tirado, queda el pan amasado y el queso de cabra del desayuno. A su alrededor, la emoción lo tiñe todo. Familiares, amigos, conocidos y periodistas se abrazan como sellando un pacto eterno, y es que no son familiares y profesionales de los medios, son seres humanos esperando desde hace mucho lo mismo...lo que ya viene.

Más lejos, al otro lado de la barrera que demarca la zona de faenas, el norteamericano Jeff Hart es felicitado por sus compañeros. Sus manos guiaron el último turno de la T-130 que rompió la roca y consiguió el contacto con los mineros.

"Fue una emoción sobrecogedora", repite el estadounidense de 40 años, originario de Denver, Colorado, que trabajaba en la perforación de un pozo para agua en Afganistán antes de que su empresa —Geotec, la misma de la T-130— lo trajera a Chile para taladrar en busca de vida.

A su lado, el geólogo Felipe Matthews descorcha, con la misma felicidad de las noches de Año Nuevo, una botella de champaña y baña de espuma a ingenieros y perforistas. El suelo lame también un poco de espuma.

La alegría empapa a todos mientras un senador de la zona guarda rápidamente ese corcho inolvidable, que no es como otro, es un símbolo histórico que desea conservar. Cualquier cosa servirá en el futuro para recordar y volver a atesorar la emotiva jornada.

¿Qué está pasando ahora?

El festejo dura apenas minutos. Acaba rápido el momentáneo indicio de triunfo y comienza de inmediato el trabajo más crucial para poder cristalizar el retorno a casa de los 33.

Sin embargo, el apuro se aclara horas después. A las 3 de la tarde, cuando el calor rebota en las pulidas rocas que rodean el campamento, un sonido alerta a todos los habitantes. Se sube la barrera de la zona de trabajo y aparece rauda una ambulancia con sus sirenas encendidas.

El vehículo de emergencia, escoltado por dos motoristas de carabineros, que mirando a cada segundo hacia atrás, abren paso mientras otro par de policías cierra la inesperada caravana que cruza veloz la única calle del campamento y yergue detrás suyo una enorme nube de polvo.

Todos salen a mirar con el corazón apretado. ¿Será la señal de que se produjo un accidente en las faenas de rescate? ¿Habrá más heridos? ¿Se retrasará todo? Son parte de los temores que acumula el nuevo desconcierto.

Para gracia de todos, las dudas se disipan en pocos minutos.

Se trata de un simulacro. El objetivo es medir el tiempo que demora una ambulancia entre el campamento y el hospital de Copiapó. Están previendo que si en la noche decisiva la camanchaca vuelva a porfiar en su retiro, eso dificulte los vuelos de helicóptero. Nada puede quedar al azar.

Poco después el inconfundible ruido de un helicóptero vuelve a agitar a los familiares. Es el primer simulacro de lo que serán los vuelos nocturnos. Es el ensayo de todas las condiciones posibles para el transporte en el día D.

El trayecto se inicia en el helipuerto construido en un cerro cercano, y finaliza en el regimiento de Copiapó ya que el hospital carece de un espacio donde puedan aterrizar las naves. Desde el recinto militar se trasladará en camilla a los mineros hasta el centro de salud. El cálculo es lo más cercano a la perfección.

—Los pilotos están practicando sus vuelos nocturnos, yendo y volviendo, para ubicar bien el área de aterrizaje —recalca el ministro de Salud, Jaime Mañalich—. El traslado de los mineros no se interrumpirá en la medida que vayan siendo rescatados —agrega.

Respecto a la temida camanchaca, que pondría en alerta

verde a las ambulancias, el secretario de Estado tiene claro que la vía terrestre sería una última opción por el riesgo de llevar a los trabajadores recién devueltos a la superficie por el intrincado camino lleno de curvas y piedras hacia Copiapó.

—En caso de existir camanchaca, los mineros deben permanecer en el hospital de campaña que ha sido habilitado en la mina, donde se puede atender a ocho simultáneamente. Cuando el cielo abra, podemos empezar a transportarlos —asegura.

A toda prisa se trabaja también afinando detalles en el hospital de Copiapó. Toda el área de servicio de pensionado, en el segundo piso, se prepara para recibir a los esperados pacientes. Además, se habilita el tercer piso con 17 camas y un equipo de especialistas con médicos internistas, un dentista, un psicólogo y un oftalmólogo.

Otro eslabón de esta cadena perfecta de rescate es la seguridad. Más de 40 carabineros resguardarán el hospital, el tránsito por la entrada de emergencias será restringido y nadie que no sea familiar —identificados con una pulsera de color— podrá acercarse a los mineros.

Todos saben, eso sí, que a la hora de la verdad estas medidas serían rotas por la impetuosa llegada de la prensa hasta las mismas camas de los 33. Es un hecho de la causa, pero hay que intentar que la irrupción sea más inocua que dañina.

A los augurios, incertidumbres y apuestas que se respiran en el ambiente tras el rompimiento del taller, se suma otra expectación.

El ministro Golborne está en el punto de prensa frente a decenas de cámaras de televisión, grabadoras, micrófonos y máquinas fotográficas. La autoridad que ha estado todos los días desde el derrumbe en este lugar junto a las familias, tiene algo que decir. Los minutos son eternos y, todos sin excepción, intentan adivinar en la cara de Golborne, qué va a contar. El silencio cae como un espasmo y su voz, al fin suena.

—Después de revisar los videos de inspección, y de tomar pruebas geológicas, hemos llegado a la conclusión —sus palabras parecen detenerse en el viento ante la desesperación de todos por escuchar la conclusión de su mensaje—, que no es necesario encamisar todo el ducto de rescate, como se consideró en varios momentos.

Gritos, chillidos, silbidos y más gritos...nadie escucha a nadie y todos a todos a la vez. De seguro nunca hubo, ni habrá más voces alzadas al unísono en esta tierra.

Inmensa es la noticia del ministro, porque ahora el rescate será mucho más rápido. Termina el temor de demorar al menos en una semana la acción. Por el contrario, el favorable escenario permite que se coloque el *casing* —los tubos— sólo en los primeros 96 metros, los más cercanos a la superficie y los más peligrosos por ser la zona más propensa a la soltura de rocas al paso de la cápsula.

—No existe una grieta ni nada que se le parezca, hay obviamente en la parte superior una zona donde podría haber alguna piedrecita que se pueda soltar. No hay nada complicado de manejar, pero el proceso de *casing* que va a estar adentro en esos primeros 100 metros, protegerá ante cualquier eventualidad —explica notoriamente más tranquilo Golborne. Su respiración es ahora un poco más aliviada.

Todo parece enlazarse para apurar la salida de los 33.

14

¿Quién sale primero?

Desde el mismo instante en que la T-130 hizo el orificio más importante de su existencia, las autoridades y los encargados del rescate discuten un tema fundamental: el orden de salida de los mineros a la superficie.

Los médicos mantienen una postura clara. Primero deben ascender los más aptos físicamente, los fuertes, como los llaman, para que ellos puedan probar en la cápsula el mecanismo de izaje.

—No podemos correr el riesgo de que alguno de los afectados por una dolencia se quede atrapado durante minutos en el túnel —explica el doctor Jorge Díaz, jefe médico del operativo.

Pero los encargados del Gobierno tienen otras ideas. Exigen que el segundo minero en ser rescatado debe ser Mario Sepúlveda, el "animador" de los videos dentro del pique y reconocido por todos, pues este histriónico excavador es un pilar que infunde el ánimo necesario a sus compañeros.

Los representantes de la presidencia no quieren desperdiciar la entendible oportunidad de que el mandatario, Sebastián Piñera, estreche la mano del emblemático Sepúlveda al inicio del rescate frente a las cámaras de televisión de todos los canales extranjeros, que seguirían de cerca los detalles, especialmente los primeros minutos de la hazaña. Se trata de una incuestionable muestra de fuerza ante el mundo.

No obstante, Sepúlveda no es considerado idóneo por los doctores para ese primer momento.

También hay que resolver cuándo sale el minero boliviano Carlos Mamani, quien por ser el único extranjero entre los 33 y en consideración a las señales políticas y diplomáticas con el país fronterizo, no debiera ser el último.

El gobierno chileno no puede sembrar la suspicacia que su rescate es menos importante que el de los chilenos. Por lo tanto, decidir los cuatro primeros que saldrán a la superficie se ha tornado una tarea muy compleja.

Así, autoridades y médicos suman varias horas para zanjar un inconveniente que, de no resolverse pronto, podría traer consecuencias insalvables para la imagen de la misión.

Finalmente, y tras una larga conversación en la que, según el médico Jorge Díaz, el impasse ha sido muy difícil de resolver, se llega al consenso de criterios médicos y políticos.

Otra vez prima el bien superior y todos ceden en algo.

La decisión grupal está tomada. El primero en emerger de las profundidades será Florencio Ávalos, el capataz y más apto según sus condiciones médicas.

Pero después vendrá Mario Sepúlveda, para que su entusiasmo trasunte el buen ánimo que abajo se vive y, muy especialmente, para que su encuentro con el mediático presidente Piñera sea una potente señal de optimismo para las millones y millones de personas que seguirán en vivo desde todas partes del mundo el desenlace de esta larga e histórica jornada.

Quieren ser últimos

Juan Illanes, otro de los llamados "fuertes", es el tercero en la lista definitiva, y detrás suyo viene Carlos Mamani. El presidente de Bolivia, Evo Morales, quien llegó hace poco desde La Paz.

La opinión pública no se entera de todo esto. Afuera del

campamento sólo prima la meta del rescate y todo gira en torno a ello. Las mujeres se peinan, revisan su maquillaje y sus uñas una y otra vez. Los hombres fuman incansablemente mientras se juegan por la mejor estrategia a seguir para que las cosas salgan lo mejor posible...Todos, a su manera, todos según sus experiencias.

Mujeres, hombres, ancianos y niños tratan de repletar estas últimas horas, las más trascendentales con lo que primero que se les ocurre...acciones que, sin duda, pasarán al olvido.

Mientras arriba ya se está estableciendo un orden de extracción, varios mineros han expresado sus deseos de ser los últimos en emerger a la superficie, cediendo sus puestos a compañeros de mayor edad o a los más delicados de salud.

El ministro comenta mirando al piso que cubre de polvo sus zapatos, que "mantienen un ánimo completamente admirable de solidaridad, de compañerismo y, no cabe duda que han enfrentado dificultades, pero es impresionante cómo ellos mismos se han manejado para mantener un espíritu que es envidiable y del cual nos admiramos todos".

Pese a estas espontáneas muestras de altruismo, ya está definido que el último trabajador en salir, el que cronológicamente estará más horas que el resto en esa calurosa cárcel de tierra y que solía ser la fuente del sustento diario, será el topógrafo Luis Urzúa.

Como el capitán de un barco que es el último en abandonar la nave mientras ésta se hunde, el jefe de turno tendrá que esperar a que todos sus hombres estén a salvo antes de cuidar su propia integridad.

Su permanencia debiera quedar grabada en los récords Guinness. Toda su familia aumenta la expectación hasta lo impensable.

Su madre, Nelly Iribarren, no contiene las lágrimas de tanta felicidad: "Yo tenía mucha pena como toda mamá, lloré mucho, pero ahora estoy contenta. Estoy muy orgullosa de que esté a punto de salir. Volveré a ser yo su madre, no la madre tierra donde está ahora".

Sus cercanos coinciden en que Urzúa es un líder innato, y confían en que jamás dejaría la mina sino hasta cerciorarse de que la tarea está completa. "Se preocupa mucho por su gente y desde el principio dirigió a los mineros, dándoles valor", detalla su primo, José Astorga.

Ser jefe de turno en la minería chilena implica obligaciones y compromisos al extremo estrictos para con sus hombres, lo que explica la confianza que depositan en Luis Urzúa quienes lo conocen.

COMIDA ANTES DE SUBIR

Una vez extinta la burocracia irrenunciable de las reuniones, los doctores se concentran en preparar a los 33 para el viaje más importante de sus vidas.

El menú de los que serán los últimos alimentos a consumir antes de entrar a la jaula ya están listos: una porción de sal, dos tarros de papas fritas y una bebida energética importada, de una marca y tipo que consumen los deportistas de elite a nivel internacional.

El propósito es simple y vital: hay que conservarlos lo mejor compensados posible durante el trayecto, curso que todavía no está claro cuánto tiempo pueda durar por cada uno.

Los especialistas temen que surja un caso de lipotimia (baja de presión) en el estrecho cubículo de salvamento. Por ello, toda la comida está muy bien pensada para mantenerles casi hipertensos durante dicho período y así compensarlos si llegara a ocurrir algo malo.

ALISTAMIENTO PARA EL RESCATE

Las horas transcurren lentas. Abajo, en el refugio, los mineros llegan a la parte final de los entrenamientos físicos que han mantenido durante las últimas semanas con el fin de soportar el rescate por un tubo de 700 metros.

En virtud de ese riesgo, el equipo médico centra su preocupación en analizar eventuales problemas, desde afecciones pulmonares, fatiga física hasta un estrés psicológico.

Hasta ahora no hay precedentes ni estudios internacionales que reproduzcan los hechos acaecidos en la mina San José, ni las condiciones físicas y sicológicas de trabajadores que han debido soportar el encierro bajo tierra por más de dos meses.

No hay bibliografía médica que permita comparar antecedentes similares.

—Todo es nuevo —apunta ahora Jean Romagnoli, facultativo encargado del acondicionamiento físico del grupo. Ahora, tras la vorágine del vendaval del rescate.

Este doctor, especialista en medicina deportiva, un tipo de contextura gruesa, fortachón y cuerpo de rugbista es el encargado de dejar a los mineros en el mejor estado físico posible antes del arribo a la superficie.

Intentando ser lo más claro posible, Romagnoli explica el proceso de preparación que ha desarrollado para los mineros antes del día D.

—Sabemos que la temperatura y la humedad en el taller juega en contra de la misión. Estamos concientes también que un eventual traspié de última hora puede dañarlo todo, todo lo que nos ha costado tanto conseguir.

¿Qué debí hacer entonces?, se cuestiona Romagnoli, con un pregunta que lo sorprende a él mismo.

De inmediato gesticula y prepara una respuesta para aclarar los resguardos físicos que transmite a sus aflijidos pacientes desde hace varias semanas. Inclina su cuerpo hacia adelante y prosigue.

—Era necesario hacer pruebas para conocer la respuesta cardiaca de cada uno, la resistencia pulmonar, hasta el estrés psicológico, y también estudiar experiencias internacionales lo más parecidas posibles. Luego, diseñamos un plan de ejercicios basado en un modelo preventivo —añade Romagnoli.

Cierra los ojos y pasea su mano derecha por la frente intentando eliminar de una vez el sudor que moja su cabeza cubierta por un sombrero de safari que jamás abandona, y que usa para proteger su declarada calvicie.

Jean Romagnoli se explaya con tranquilidad y austero orgullo. Indica que los entrenamientos bajo tierra se iniciaron hace cinco semanas. Todo apoyado de un video que grabó él mismo.

En medio de una zona del campamento Esperanza reservada sólo para los profesionales de las tareas de rescate, alejados todos de cuaquier distracción externa, Romagnoli hace una pausa para revelar detalles de la grabación del video educativo donde oficia de único protagonista.

—Mi idea inicial era conseguir una modelo más agraciada que yo para que los motivara a realizar los ejercicios que indico en las imágenes —explica con una inédita sonrisa—. Bueno, cualquiera lo sería, —agrega a carcajadas—. Pero no se pudo. Así es que lo hice yo no más...es lo que había —señala apuntado con ambas manos hacia su pecho.

COMO PILOTOS DE COMBATE

El entrenamiento que imparte Romagnoli a los mineros es conocido como "L1-Modificado", el mismo ejercicio que practican los pilotos de combate, básicamente para cooperar y ayudar a subir la sangre desde las extremidades inferiores hacia el tronco, y así evitar cualquier desmayo por estar en una posición rígida.

A esto se suman los ejercicios cardiovasculares que queman grasas y los hace bajar un poco de peso, pues la jaula que los izará a la superficie es de apenas 54 centímetros.

Asimismo, los mineros están trabajando con bandas elásticas para reforzar ciertos grupos musculares. Se trata de movimientos realizados con distintas partes del cuerpo, como brazos y glúteos.

Para que todo funcione al dedillo, o casi todo, Jean Romagnoli mantiene comunicación permanente con los mineros a través del teléfono o video conferencias y, cuando es necesario, por cartas en las que comparten información y comentarios vitales para el control de las instrucciones que les envía desde la superficie.

—Esta interacción ayuda mucho a mantener el estado anímico del grupo, a saber qué novedades hay en el refugio. Esto es fundamental porque es como yo estar abajo con ellos, en su ambiente, escuchando sus palabras, necesidades, sus ideas. Hay mucho de desahogo por parte de ellos y mucha contención de parte nuestra —afirma muy serio.

Asegura que toda esta serie de prácticas están apoyadas por el uso de monitores que muestran las sesiones de entrenamiento registradas en la profundidad de la mina. "Luego ellos las mandan hacia arriba y así logramos tener el panorama más claro".

Curiosa reacción

A pesar de la confianza que Jean Romagnoli ha cultivado con el grupo de 33, se ha visto enfrentado a la resistencia de algunos mineros que no quieren desarrollar las tareas sugeridas por el médico. Se oponen a las sentadillas, flexiones y elongaciones.

Unos sienten vergüenza, otros pudor, como si la serie de ejercicios recomendada por el facultativo significara una acción deshonrosa y humillante, impropia de los mineros nortinos acostumbrados a convivir con la dureza de faenas aún más extenuantes, entre toneladas de tierra, tronaduras y rocas impenetrables.

Si bien la mayoría de los viejos acepta someterse a la serie de ejercicios impuesta desde arriba, algunos se muestran reacios e indiferentes...se esconden en los recovecos del encierro, se aislan.

El refugio muestra a ratos un rostro más parecido al comportamiento de un curso escolar en rebeldía que a un lugar donde abundan hombres rudos y experimentados.

Sin embargo, Jean Romagnoli asume una postura de absoluta compresión ante tanto orgullo y egos personales e intenta restarle importancia al comportamiento de los 33.

—Algunos se han revelado por razones personales y hasta entendibles en el contexto en que estamos. —Especialmente, agrega en tono académico—, porque la dinámica que se implementó al inicio de la preparación médica fue un tanto extraña, bien paternalista, para ser preciso. Les decían a los mineros lo que tenían que hacer, qué debían consumir, cuánta agua podían tomar y nunca les preguntaban la opinión. Eso abajo provocó que algunos se rebelaran —afirma Romagnoli, como desclasificando un secreto.

—Cuando yo llegué —se acomoda para explicar su experiencia—, lo primero que hice fue decirles a los mineros: 'Mira esto es así, tengo la impresión que el sistema de atención médica no está funcionando bien y para que nos vaya bien, ustedes deben tener la voluntad de cumplir las indicaciones de arriba y, al mismo tiempo, ustedes tienen que participar en las decisiones...Ustedes también tienen sus opiniones y hay que escucharlas'. Con eso me gané la confianza de todos ellos.

INTERLOCUTOR EN EL REFUGIO

Para el éxito de su trabajo, Jean Romagnoli cuenta desde hace mucho con la especial colaboración de un "contacto directo", como le gusta señalar.

Se refiere a Mario Sepúlveda, quien se ha transformado en un interlocutor válido frente a sus compañeros.

—Mario es un tipo de gran ayuda con la fuerza motivadora que consigue transmitir a sus colegas. Es una persona *tira pa'rriba,* es el que cohesiona al grupo —enfatiza con orgullo de quien, más adelante, se transformaría en un gran amigo.

15

Casi listos para salir

Desde que pueden ver los taladros de la T-130 sobre sus cabezas, los mineros han iniciado los preparativos para la inminente vuelta a la superficie. Boquiabiertos, como niños pequeños, se percatan que la ilusión de días y noches interminables, hoy se está tornando realidad.

Tras varias semanas de arduo entrenamiento muscular ahora viene la toma de exámenes para el análisis de la reacción fisiológica durante el lapso del ascenso.

Mientras tanto, se comienza a desmantelar la histórica máquina perforadora y llegan al campamento las primeras piezas del sistema de anclaje de las poleas que izarán la cápsula.

Otros expertos están probando los 33 cinturones biométricos que monitorearán cada segundo de la tensa y frágil salida en el ascensor más claustrofóbico del mundo.

—Son del tipo que usan los astronautas de la NASA —explica Ben Morris, ingeniero estadounidense, representante de la empresa que fabrica los dispositivos.

En efecto, se muestran los gruesos cinturones negros de dos mil dólares cada uno y que permiten medir la temperatura de la piel, la frecuencia cardiaca y respiratoria, la presión sanguínea y el consumo máximo de oxígeno.

Todos los datos llegan en tiempo real al equipo médico ubicado en la superficie, a través de un sistema de conexión Bluetooth. La tecnología se une con las ideas, las ideas con la experiencia, la experiencia con la fe en estas horas finales.

VESTIDOS PARA SUBIR

El traje que usarán los 33 es una historia aparte.

El buzo está confeccionado de una tela llamada hipora, que mantiene seca la piel, con propiedades antitraspirantes e impermeables. Debajo llevan una playera especial antihongos. Un traje nunca antes usado en Chile.

Todo el recibimiento está normado por estrictos protocolos de acción. Incluso se planifica una forma de operar en el indeseable, pero probable, caso de muerte de alguno de los mineros en el rescate.

Los médicos prefieren bautizarlo con algún nombre lo menos macabro posible, por lo que se opta llamarlo simplemente "protocolo de ceniza". Esperan, con todas sus humanas fuerzas, no tener que abrirlo nunca durante todo el operativo. Sin embargo, lo contemplan. El azar no existe en esta tarea.

Apenas salgan a la superficie los mineros serán recibidos en la boca del túnel por Andrés Llarena, doctor de la armada de Chile. Después de su rápida revisión pasan a manos de la doctora Lilian Devia, quien los esperará en la zona de "triage" o de urgencias.

—Esto va a ser como tener un parto múltiple, algo así como dar a luz treintaillizos —bromea la profesional horas antes de que se inicie la gran tarea.

Ella y todo el equipo estarán concentrados en el área de rescate hasta que salga la última persona desde la mina maldita.

—Aquí llegarán en camillas y la sala está equipada con resucitadores, monitores cardíacos, una máquina de anestesia y distintas drogas para neutralizar infartos o paros cardiorrespiratorios.

Cualquiera que sea su condición, los rescatados permanecerán acostados por dos horas en observación, para descartar cualquier descompensación causada por el impactante retorno al aire libre.

En ese lugar los acompañarán dos familiares y, si el minero no tiene problemas de salud, podrían incluso interactuar entre ellos antes de subirlos en parejas o en grupos de cuatro a los helicópteros que los llevarán hasta Copiapó. Todos los mineros, sin excepción, quedarán internados en el hospital de la ciudad, por los menos, 48 horas.

Lo que suceda después dependerá de las familias y vecinos de los 33, que viven con intensidad estos minutos previos.

En Til Til bajo, por ejemplo —una zona de Copiapó— están todos los habitantes a la espera de volver a ver a Carlos Bugueño y Pedro Cortez, los vecinos mineros que salieron ese 5 de agosto y no volvieron.

BIENVENIDOS, fulguran los lienzos de apoyo en las puertas de todo el barrio, donde conocen bien a estos amigos de la vida, de esa vida que desean seguir compartiendo.

—Lloramos, rezamos por ellos y ahora estamos preparados para recibirlos —cuenta un vecino que conoce a los dos mineros desde su infancia—. Incluso les mandamos cartas con la familia, y ellos nos respondieron que estaban emocionados —agradece muy consternado.

Reunidos en la capilla del barrio, los habitantes hacen vigilia aunque con un ojo puesto en la televisión, que informa de manera ininterrumpida desde la mina San José.

Planean que cuando los dos mineros vuelvan a sus casas, cerrarán la calle para una fiesta masiva. Ya está preparado el grupo religioso del lugar para realizar la presentación más emotiva que hayan hecho.

—Ellos son un orgullo para nosotros, ahora sólo queda que todo salga bien en este punto final —comenta el amigo.

Sólo quedan 24 horas para iniciar una jornada que nadie olvidará.

SE PREPARAN LOS RESCATISTAS

Retirados de la mini ciudad en que se ha transformado el campamento, y absolutamente aislados, los profesionales que cargarán con la gigante responsabilidad de recoger a los mineros desde el fondo de la tierra viven la cuenta regresiva en absoluta calma. Saben que sobre ellos pueden caer las más atroces recriminaciones si algo llega a fallar...saben, sin embargo, que son capaces de llegar al final con éxito.

Entre ellos se encuentra Manuel González, 46 años, uno de los rescasitas más experimentados del grupo.

Llegó a Copiapó hace una semana proveniente de la División El Teniente de Codelco, en la sexta región del país a cumplir, quizás una de las tareas más importante de su vida.

Entre sus pares, es conocido como un profesional avezado, de excelentes condiciones físicas y acostumbrado a dirigir grupos de trabajadores en situaciones de riesgo extremo.

González, quien en su juventud vistió de corto defendiendo los colores del equipo profesional de futbol O'Higgins de Rancagua, cambió el verde de las canchas (que ya le reportaba más goles que dinero), por el oscuro y sombrío paisaje de El Teniente, en que se encuentra la mina subterránea de cobre más grande del mundo, donde el enorme sacrificio se compensa con mejores ganancias económicas.

—Estoy acostumbrado a trabajar en cerros colapsados, partes hundidas, entre tronaduras...y muchas otras cosas —confiesa con orgullo tocando su pecho con la mano derecha empuñada, hasta la ceguera de sus yemas.

Ya instalado en el norte, y después de mucho revisar videos de las condiciones geológicas de la mina siniestrada, González percibe que el rescate se aproxima velozmente.

Está impaciente, a no dudarlo muy ansioso, pero a la vez confiado en sus capacidades profesionales. Al menos eso demuestra.

Parece listo para iniciar la última fase de la misión junto a otros 15 compañeros que se encargarán de sacar a la superficie a los 33 mineros atrapados desde el pasado 5 de agosto, de los cuales diez trabajan en la estatal Corporación Nacional del Cobre (Codelco), tres son enfermeros submarinistas de la armada y el resto brigadistas de la región de Atacama, quienes alternarán en turnos de 12 horas cada uno.

Si bien aún no se definen los nombres de los seis rescatistas que finalmente bajarán hasta la profundidad del yacimiento, mientras los demás apoyarán desde arriba, Manuel González guarda en su interior una fe profunda que será él, uno de los escogidos.

A pesar de esa íntima certeza, se mantiene cauto, pero mucha más certeza denota su compañero de la armada Patricio Roblero, quien da casi por seguro que él sí será parte del grupo de elite.

—Lo primero que voy a hacer cuando llegue al fondo de la mina es gritar ¡Viva Chile! —arenga el comandante Roblero dando una prueba fehaciente de su formación castrense, de su chilenismo a todo evento y de su pasión por las misiones dificultosas.

Dado que Roblero presiente que será uno de seis elegidos para descender a colaborar con los mineros a 622 metros de profundidad, ya ha preparado la frase, plena de patriotismo y desahogo, de cara al histórico momento. Mientras tanto, las autoridades alistan la arremetida final con la clara esperanza de contar con alguno de los mineros sobre la superficie antes que concluya el día.

Nuevamente el ministro Golborne —con su tan habitual y hasta imitada forma de arreglarse el cabello que desordena el polvo y el viento de Atacama— baja la cabeza, arregla la roja casaca oficial que viste día a día mientras espera que camarógrafos, periodistas y fotógrafos anuncien su reiterado: "Ok ministro, estamos listos...". Entonces Laurence Golborne toma una diminuta fracción de segundo y pronuncia el titular de los flashes informativos o noticias de último minuto que, remecerán los públicos de los diversos medios de comunicación en breves minutos más:

—La esperada operación de rescate —señala con una seguridad que siempre esperó tener— se iniciará a las cero horas del martes 12 de octubre.

Los reporteros corren, saltan por sobre otros, los cables de las cámaras se enredan uno con otro, se rompen...no hay tiempo para recriminaciones...en los estudios de TV y radio, los conductores se alistan para dar el pase a los enviados especiales, quienes acomodan un tanto su descuidada y en extremo fatigada fisonomía, se concentran en retener las ideas y ya...la noticia fluye, fluye inmensa por todo el mundo como la extensa inmensidad del desierto que alcanza hasta donde los ojos puedan llegar...y más.

Desde ese instante el campamento entero retiene la respiración. Más que polvo, hay una emoción contenida, concentrada y demasiado acumulada. Pero especialmente hay mucha, muchísima fe.

Ha llegado el momento.

Uno de los más felices es Francisco, de 13 años, el hijo del minero Mario Sepúlveda. Después de la última reunión de los ingenieros con las familias, se encuentra a la salida con André Sougarret, quien le prueba su brillante casco de trabajo.

—¿Te gusta? —le pregunta al niño—. Cuando el rescate termine te lo voy a regalar —anuncia triunfante. El pequeño sonríe, tan tímido como sorprendido.

Los periodistas, que en las semanas previas eran cerca de 300, ahora superan los 2.500. El campamento está, literalmente, atiborrado de personas, expresiones de emoción, ansiedad y muchas frases se escuchan casi imposibles de entender en esta, la hora definitiva.

Las carpas se multiplican a través de la alfombra de arena caliente y las casas rodantes dominan el paisaje. Algunos familiares se quejan del acoso periodístico y de que el rescate se está transformando en un show.

El ministro de Golborne responde a esta inquietud colectiva:

—Mucha gente dice que esto parece un *reality show,* pero la realidad es que esto ha causado conmoción en el mundo entero. Los hoteles están hasta el tope y tenemos más de 2 mil corresponsales del mundo, entonces como Gobierno y como Estado tenemos que hacernos cargo de la situación. No es que nosotros los hayamos invitado. Y por lo tanto, dado que esta circunstancia ya es así, debemos asumirla y proveer una imagen país que sea adecuada, de seriedad y profesionalismo. Es decir, que quienes llevan la información al resto de los países, tengan donde instalarse, que haya baños sanitarios, que puedan poner los camiones de transmisión satelital. Eso hay que también planificarlo, porque es parte del respeto que debemos a ellos y de la imagen que como país proyectamos en una situación que nos guste o no, va a estar en la palestra para todo el mundo.

Sentencia tajante, pero sin perder la amabilidad que lo caracteriza.

GANCHO COMERCIAL

En cuanto el Secretario de Estado resuelve las últimas dudas de la prensa, en la plataforma instalada para recibir a los mineros se vive un hecho inusual.

Ejecutivos de una conocida marca de ropa deportiva consiguen mandar su indumentaria para ser usada por los mineros durante el izamiento, en una clara acción de marketing para aprovechar el hito universal.

Se trata de ropa de primera calidad. Polera, pantalón y zapatillas blancas para cada uno, vestimenta completa para que al momento del arribo dicha marca sea apreciada por millones de televidentes que seguirán en vivo el histórico deselance.

Si bien los 33 trabajadores han aceptado el "regalo", prefieren enviar las prendas de vuelta a sus familiares para usarlas en el futuro. Las quieren estrenar limpios.

Entre los médicos que atestiguan la discusión de ejecutivos de la empresa y autoridades de gobierno, que finalmente abortan la acción comercial, se cuenta una anécdota protagonizada por uno de los mineros que, aunque agradecido del regalo, alega por el desconocimiento de sus medidas anatómicas.

—A mí me encanta que me regalen zapatillas, pero yo calzo 42 y no 38.

Rescate a prueba de presidentes

La cuenta regresiva avanza y avanza mientras la vida habitual del campamento se ralentiza, como guardando fuerzas para la trascendental instancia que se acerca.

Al mediodía se presentan en la barrera de entrada los tres familiares que, por cada minero, los esperarán a la salida de su viaje en el ascensor más claustrofóbico y peligroso que alguien pudiera imaginar.

En tanto, periodistas y camarógrafos recogen y se ponen las pulseras oficiales de identificación que les permitirán subir a la gran explanada, a 70 metros de la cápsula de rescate, desde la que podrán captar las imágenes que todo el mundo ansía ver.

Ya llega la tarde en el desierto. Es la hora planeada para iniciar las pruebas de rigor. Pero algo no funciona bien, la amarga incertidumbre que desciende por la garganta de todos y cada uno de quienes están cerca retoña...y es que una punta de la jaula queda enganchada en el encamisado, algo que en tan pequeño espacio vital impide un desplazamiento fluido.

Ante tal vicisitud y frente a las cámaras de televisión, los ingenieros propinan a la cápsula fuertes y sonoros martillazos para cuadrarla. No es el momento para sutilezas tecnológicas. Los dientes inferiores sobre el labio superior de la boca y con el empeño en el máximo de sus latidos, los profesionales logran corregir y todo vuelve a la calma, a la tensa calma.

El ingeniero Miguel Fortt, testigo del hecho, explica que por un asunto de estética, porque está más limpia, se decide finalmente ocupar la segunda de las tres cápsulas, la Fénix 2.

El problema es que tiene un sistema de cerrado de la puerta

con un gancho, a diferencia del primer modelo, que es un simple tubo pesado. Así es que cuando el presidente Piñera cierra simbólicamente la puerta de la cápsula para el primer viaje, no lo hace de forma perfecta y queda ese gancho rasguñando los bordes —claro, el presidente no es ingeniero y no sabe de estas cosas, aclara Fortt.

—No se trata de un error presidencial. No busquemos la polémica, ni el desencuentro ante tan impecable y absolutamente exitosa operación —resalta el ingeniero disimulando su molestia ante la insistencia de un reportero radial—. Es un accidente, a cualquiera le puede pasar con la emoción del momento. Pero hay que avisarle a Asmar para que la próxima vez hagan una cápsula de rescate a prueba de presidentes —bromea Fortt ya más relajado.

ANSIEDAD Y NERVIOS

Pocas horas faltan para el inicio de la gran misión...Las autoridades del gobierno esperan hasta último momento para dar a conocer el nombre de los seis rescatistas que bajarán al yacimiento.

Mientras avanza la hora, y el cielo nortino se inunda de estrellas fulgurantes sobre el desierto, Manuel González y sus compañeros caminan hacia un contenedor instalado a pocos metros de la plataforma del rescate, aislados, distantes de los periodistas.

El espacio está preparado con camas individuales para cada uno por si las tareas se extienden más de lo normal y se ven obligados a tomar descanso.

Los minutos parecen detenerse, como las estrellas que iluminan desde el cielo más claro del planeta, aquel que los astrónomos, después de tanto analizar, han designado como perfecto para centros especializados de estudios astronómicos.

En el campamento Esperanza, la expectación y la angustia se pliegan en un amasijo inabordable. Hasta que, por fin, las autoridades informan sobre los seis rescatistas que bajarán hasta la mina.

Son: Roberto Ríos, infante de marina, Patricio Roblero, suboficial de la Armada, el brigadista de la empresa estatal Codelco, Jorge Bustamante Ramírez, el cabo del Grupo de Operaciones Especiales de Carabineros Patricio Sepúlveda, el bombero de Atacama Pedro Rivero y Manuel González.

Este último no se inmuta tras conocer la noticia. No hay sorpresa en su rostro. Parece estar inmune a cualquier emoción, tal vez como una forma de ocultar la preocupación que esconde ante la doble responsabilidad que se avecina: será el primero en descender y el último en abandonar la profundidad de la mina.

16

Inicio del fin

A esta altura no queda nada más que hacer para la mayoría. El rescate se adelanta un par de horas, quedando ya todo listo y dispuesto para iniciar la tarea de rescate de los 33 mineros que se mantienen vivos bajo tierra tras 69 días de involuntario e inesperado encierro.

Comienza el fin de una historia magra protagonizada por un grupo de trabajadores que hoy, más que nunca, mantienen la profunda esperanza de regresar vivos desde el sepulcro; desde aquella penumbra en que lloraron, se abrazaron, discutieron y hablaron hasta organizarse como grandes hombres de la historia; desde esa fatídica tarde de agosto que jamás erradicarán de sus memorias, cuando el silencio infinito amenazó con abrazarlos para siempre, en plena faena. Allí donde la vida rara vez da segundas oportunidades. Allí donde es imposible que nada se esconda a los ojos de la muerte.

En la superficie de la mina San José decenas personas se agrupan sobre la plataforma que sirve de base para el izamiento final de los 33 de Atacama.

Aquí están...aquí reunidos hay médicos, psicólogos, enfermeras, fotógrafos, ingenieros, autoridades del gobierno central y del gobierno regional, camarógrafos, familiares de los trabajadores atrapados y el grupo de rescate que ya se prepara para la arremetida final.

La preocupación, la ansiedad y los nervios que, con nada se logran evitar, forman parte de ese todo humano. Lo que se vislumbra es que pese a todo, cada uno debe cumplir un rol específico y más aún: cada cual sabe exactamente cómo hacerlo.

Ahora, ya no hay nada que esperar. El socorrista Manuel González busca posición dentro de la Fénix 2.

Los periodistas transmiten aumentando el tono de su voz y la expresión de sus miradas, el momento más gravitante de sus carreras y en muchos casos, de sus propias vidas.

—¡Vamos, Manolo! —gritan sus compañeros, mientras el presidente Piñera, cabizbajo, se persigna. Luego, como buscando calma, sonríe a Cecilia Morel, la Primera Dama del país, quien estuvo en muchos momentos también con los familiares, especialmente al lado de las mujeres.

Mientras el mandatario procura su guiño de tranquilidad, ella baja la cabeza en una reflexión que vislumbra ser religiosa.

El resto de los asistentes aplaude insistente y al unísono en clara manifestación de apoyo a los rescatistas.

González está cubierto por un overol de trabajo color naranja, y en su cabeza porta un casco blanco con luz autónoma. Una cámara en el interior de la Fénix 2 filma todo.

No hay tiempo para más y Manuel González desciende lento y tranquilo.

—Relajado Manuel, como si estuvieras tirado en la playa —le recomiendan en voz alta sus colegas cuando comienza a perderse de vista.

Manuel va rumbo al taller de la mina donde lo esperan los 33 mineros. Sigue el descenso y su principal preocupación es que las ruedas retráctiles de la cápsula no se traben en el camino.

Baja lentamente, en total concentración y atención a cada

pequeño movimiento, guiado con mucho cuidado desde la superficie...

...hasta que por fin consigue llegar al interior de la mina San José.

La algarabía vuelve al lugar. La prensa deja de ser lo objetiva que siempre intenta ser y se deja llevar por una emoción incontrolable. Los adjetivos se hacen escasos: "magnífico", "espectacular", "maravilloso", "extraordinario"...

La escena desde lo profundo se ilumina por una luz irreal, como de otro mundo...la piel se eriza, las pupilas se clavan para siempre en el infinito...el tiempo se detiene.

En las cuatro pantallas gigantes desplegadas en el campamento Esperanza se puede ver muy claro al socorrista González que baja de la cápsula, ya en el refugio, de espalda a los mineros que lo esperan. Un invitado exclusivo al fondo de la tierra.

Quienes miran los monitores gritan, sollozan, respiran hondo, muchos no pueden soltar sus llantos, agradecen al cielo.

González al principio está solo, pero en unos segundos se acercan tres trabajadores que lo abrazan frente una bandera chilena que permanece inmóvil a un costado del punto de llegada.

Mientras arriba muchos, igualmente conmovidos, rememoran y comparan la trascendente emotividad de este momento con aquel 21 de julio de 1969 cuando Neil Armstrong pisa la luna por vez primera.

Después de todo, se trata también, de un "gran paso para la humanidad".

Los aplausos explotan en la superficie y la imponente figura del rescatistas González, manos en la cintura, saluda a sus anfitriones, al tiempo que intenta explicarles cómo van a iniciar su viaje hacia la ansiada libertad.

Júbilo arriba y ansiedad abajo donde el ambiente es de mucho calor y humedad.

Los "viejos" visten de corto y a torso descubierto. Están felices y no dejan de abrazar y besar con adoración a Manuel González, como si estuviesen frente a un ángel caído del cielo. Y en el fondo eso es...cuando se vuelve de la muerte a la vida.

Luego de recibir las instrucciones del socorrista, retumba el infantable grito ce-ache-í que busca expresar a todo pulmón el patriotismo insalvable enclaustrado en cada espíritu, en cada corazón tras meses de encierro.

Despúes de tantas y tantas muestras de alegría, González se presenta formalmente y les advierte que él será la última persona en salir después de rescatarlos a todos.

El grupo escucha atento, en silencio, solemnes, hasta que el socorrista caído del cielo interrumpe abruptamente la seriedad del momento con una confesión que amenaza con dejarlos inmóviles:

—No saben la mansa cagadita que se mandaron. Allá arriba hay un montón de gente esperando a que salgan, así que apúrense no más.

Estallan de la risa en una sola carcajada que ayuda de paso a descontraer el ambiente que hasta minutos antes se mantenía tenso. De la inmovilidad a los pasos y saltos pasan segundos...los mineros ya se saben a salvo y necesitan exteriorizarlo.

Luego, muy rápidamente se organizan para que salga el primero.

Se trata, tal como se había decidido hace unos días, de Florencio Ávalos uno de los más hábiles. Este minero de 31 años se coloca un buzo especial que posee un sistema de monitoreo y que mide el pulso y la actividad cardíaca.

Florencio acata las órdenes y actúa de acuerdo a las instrucciones...no quiere errar en nada, sabe ahora con certeza, que lo espera su nueva vida.

RUMBO A LA LIBERTAD

Avanzan los minutos y en la superficie todos parecen extasiados con el progresivo éxito de la operación.

Florencio Ávalos ya va en camino al cielo...el rescate es lo único que se ve en la televisión de Chile, y en gran parte del mundo.

En la cima de la perforación lo esperan nerviosos el presidente Piñera, médicos, ingenieros y autoridades. Todos contienen la respiración y las lágrimas. Pero no por mucho...

Bairon, el hijo de siete años del minero, lo aguarda con un casco y llorando con estertores que impactan a todos...Bairon conmueve, remece, enternece a varios incluso, les devuelve la fe.

Son las 00:11 del 12 de octubre de 2010, el Día de la Raza en que Cristóbal Colón descubrió América 518 años antes. Ávalos, el segundo en jerarquía laboral dentro del pique, pisa la tierra que había dejado 70 días atrás.

El primer beso es para su hijo, que se abalanza impulsivo a sus brazos apenas la cápsula es abierta.

—Gracias —es su sorpresiva y cauta manera de volver a la nueva vida que lo espera.

La sorpresa es la frase escrita en la polera que lleva sobre el traje "Gracias Señor", dos palabras que brillan sobre una gran estrella con los colores rojo y azul, de la bandera chilena... Trae escritas, también, las 33 firmas del grupo.

Varios de los mineros acordaron salir así para dar las gracias a Dios, a tantos y a tanto.

La escena es seguida en directo por el mundo entero. En un pequeño cuadro en la pantalla la señal oficial transmitida por el gobierno chileno muestra la tensión de sus compañeros dentro de la mina. No únicamente la tensión, también la ansiedad, las ganas que todo el calvario acabe ya.

Tras el éxito de Florencio y su retorno a la tierra, algo que marca lo que vendrá, no hay descanso ni tiempo para comentarios. El segundo socorrista ya empieza a descender.

En ese momento los familiares de Florencio Ávalos, distantes del lugar de llegada, no pierden detalles a través de un pequeño televisor instalado en su carpa.

Sus abrazos y gritos de alegría se ahogan ante la embestida en absoluto descontrol de periodistas, fotógrafos y camarógrafos que lanzan, impetuosos, preguntas y más preguntas con poca opción de que algo se entienda y en distintos idiomas. Tan desbordada es la presión que los soportes de la carpa ceden y ésta cae lentamente.

Todos gritan y nadie escucha...Ni se escucha. Poco falta para que parientes y corresponsales se golpeen en medio de la irracionalidad.

Es la nota negra de la prensa durante la noche del rescate. Lo que muchos presintieron, lo que nadie pudo evitar.

Mientras tanto, en el fondo de la mina el rescate camina a toda marcha. Manuel González intenta disminuir la ansiedad de los trabajadores.

Los llama con firmeza, pero cercanía, a la calma y conversa mucho con ellos, principalmente para que la agitación y zozobra del ánimo no les haga subir la presión.

Las tareas van en el sentido correcto, como autoridades y

expertos lo habían diseñado y en este minuto nada puede comprometer la gran misión que se ha preparado desde hace ya dos meses.

Ajenos a todo este barullo, los ahora 32 se juntan en el pique. Apenas acabadas las instrucciones de los rescatistas, se dispersan...obviamente siguen inquietos.

Quedan reunidos los que saldrán en los primeros lugares. El resto se distribuye por la mina para esperar su turno. Estiran las piernas, mueven sus cabezas de un lado a otro procurando relajo muscular.

La tarea, ahora, es escuchar como ambos socorristas llaman por sus nombres a los mineros restantes.

El elegido, por turno, parte a rezar a la improvisada capilla ante una figura religiosa y algunas velas. Es un momento tan místico que trasciende al protagonista y conmueve masivamente.

Después revisa sus cosas y toma lo último que quiere llevarse desde el cautiverio. Rocas, una cuchara, alguna carta. De ahí camina hasta la cápsula a paso lento, como si se tratara de un hombre lunar, para respirar por última vez el aire viciado de la mina.

Así es el camino de Mario Sepúlveda, el segundo en subir a la Fénix 2.

Su irrupción en la superficie suena memorable.

—Sáquenme de aquí —grita a los técnicos apenas emerge la cápsula.

Una vez liberado de la jaula, corre a abrazar a su esposa, Elvira Valdivia. El íntimo cariño es intenso, vehemente. Él intenta hablar con ella, pero la emoción se lo impide, mientras el casco se suelta de sus manos y cae fragoso sobre el suelo.

—Vamos a tener toda la vida con la vieja —susurra a modo de excusa.

De su hombro cuelga un morral. Lo abre cual Santa Claus, delgado y calvo del desierto, sorprende y empieza a regalar rocas provenientes del fondo del yacimiento.

Cuando abraza al ministro Laurence Golborne se le escapa un chilenismo: "Puta, jefazo", le lanza con picardía de hombrón minero. A la esposa del Presidente, Cecilia Morel, le besa la mano.

—Señora, encantado —acota respetuoso.

Nadie puede salir de su asombro todavía cuando el supuestamente débil minero corre hacia las galerías. Eufórico hasta lo increíble, levanta los brazos.

—Atención chiquillos...ce-ache-í —y comanda el grito arengando al puñado de compañeros llorosos como niños.

Mario Sepúlveda no para de transmitir euforia. Cuesta que lo calmen y finalmente los médicos logran que se acueste en la camilla dispuesta para los rescatados a fin de llevarlo hacia el Triage.

Allí tampoco deja de bromear.

—Nos quedamos acá —dice indicando la mina— dejé la cama recién hechita, por si acaso.

Los tiempos del rescate avanzan a pasos agigantados. La mitad ya está en la superficie.

El fervor hace presa de muchos a metros, de millones a kilómetros de la San Jósé.

Omar Reygadas tiene asignado el turno número 17 para salir del refugio.

Está nervioso, con emociones acumuladas y ahora contradictorias. Más tarde reconocería que antes de emprender la última caminata dentro de la mina se volvió a mirar su colchón y el escritorio donde había escrito tantas cartas a su familia. Todo eso quedaba abandonado para siempre.

—Quería salir, pero también me dio un poco de nostalgia dejar las que habían sido mis cosas durante tantos días.

Tras la salida de Reygadas han ido emergiendo los demás mineros, cumpliendo con todos los protocolos establecidos desde el inicio...el rigor de los aplausos, los gritos de esperanzas, las demostraciones de gratitud y las arengas aunque la noche pasa...y de la oscuridad nace otra vez la mañana, esta vez, con una camanchaca más respetuosamente distante.

El jefe del grupo, Luis Urzúa, es el último de los 33 trabajadores en llegar a la superficie.

Han pasado 23 horas del histórico operativo. Urzúa se abraza con los miembros del equipo de rescate y con Sebastián Piñera—quien se mantiene casi todas las horas de operación en el lugar, excepto cuando sale brevemente para recuperar fuerzas, bañarse y cambiar de camisa.

Se trata de un momento electrizante, en que más de uno de quienes trabajaron incansablemente por evacuar a los mineros y ahora ven los frutos definitivos de su esfuerzo, se abrazan y besan con lo más cercano a la abstracta felicidad que alguien pueda describir, con orgullo de hombres.

Tranquilo y sin signos visibles de cansancio, Urzúa logra mantener un diálogo con el mandatario.

—Tuvimos la fuerza, el espíritu por luchar por nuestras vidas —aclara con firmeza.

Ambos retienen la agitación, evitan tartamudear y se hablan a los ojos...gesto que evidencia lo realmente conmovedor de las horas transcurridas.

El jefe de estado le pregunta por el momento más difícil vivido durante el difícil tiempo en las profundidades y el jefe de turno responde de inmediato, sin titubear:

—Hubo varios. Por ejemplo, cuando se despejó el derrumbe y vimos la roca. Muchos pensaban que nos sacarían en uno o dos días, porque la empresa decía que no era riesgoso. Pero supimos manejarnos. Los primeros días se hicieron cosas que no eran las mejores, pero mantuvimos la cordura —Y después de una pausa—: Espero que esto nunca más vuelva a ocurrir —afirma Urzúa al entregar al presidente Piñera, de forma simbólica, el turno que había asumido el 5 de agosto, 70 días atrás.

El turno más largo de su vida...

17

Lo que el tiempo no borra

Desde el día en que los mineros de Atacama fueron rescatados del fondo del yacimiento San José sus vidas han seguido caminos tan dispares como inusitados.

Tras ver la muerte cara a cara, han renacido, descubierto talentos, virtudes y también defectos humanos que claramente desconocían. Ahora buscan la felicidad negada por mucho tiempo. Dicha que de varias maneras se ha ido materializando.

Mientras la mayoría se ha refugiado en el cariño de sus familias y la seguridad de su hogar, un grupo más pequeño, pero ferozmente expuesto a los medios de comunicación, ha debido aprender a lidiar con una nueva vida y la excesiva popularidad que han alcanzado después de más de dos meses de estar en la retina del mundo entero.

Por ejemplo, Yonni Barrios, famoso por sus historias de infidelidades, ha recibido ofertas para ser rostro de campañas publicitarias a favor de amores furtivos en Estados Unidos y de medicina sexual masculina en Chile y Centroamérica. Todas ellas las ha rechazado.

Por su parte, Edison Peña, el minero fanático de Elvis Presley, traspasó las fronteras para instalarse en Nueva York y hacer reír a la tele audiencia norteamericana que el 4 de noviembre de 2010 veía el programa del popular animador David Letterman.

Peña acaparó todas las miradas y luces del estudio con sus cantos y bailes de "el rey del rock". Arrancó carcajadas a quienes asistían al programa, aunque el tema central era rememorar el accidente que lo tuvo atrapado en el desierto chileno.

No obstante, el momento cúlmine de su representación llegó cuando repitió la imitación que hizo en el fondo del pique. Cantó con soltura y un estilo irreverente "Suspicious Mind" con sus populares pasos de baile, episodio que no sólo desató la risa de Letterman y la sorpresa de los millones que veían el espacio a esa hora. Los aplausos y chillidos para Peña explotaron en el estudio como astros jubilosos de admiración para la estrella de la noche.

Y no fue todo. Esa misma semana Edison Peña resultó ser el invitado especial a la mundialmente conocida maratón de Nueva York. El minero chileno dio la largada del evento deportivo desde el puente Verrazano en Staten Island. Saludó amablemente a los corredores junto al alcalde Michael Bloomberg y a las 9:40 de la mañana con el número 7.127 en su pecho, se sumó a los más de 45.000 participantes de 100 países distintos.

Con una bandera de Chile, música de Elvis Presley en los parlantes y siempre ayudado con un protector en la rodilla izquierda, Peña finalmente cruzó la meta, donde le esperaba su esposa Angélica, después de completar cinco horas, 40 minutos y 51 segundos para el recorrido de 42,2 kilómetros.

La naciente fama de Peña lo llevó, al día siguiente, a vestir de traje oscuro para acudir a la sede de Wall Street junto a los ganadores de la maratón, y fue el encargado de dar el martillazo con el que el templo del comercio mundial cierra cada día la sesión bursátil.

Entretanto, lejos de la Gran Manzana el grupo de los 33 de Atacama y sus familiares más cercanos se preparan para iniciar sus vacaciones en Disney World, Florida.

Cada familia dispone de una tarjeta de 500 dólares para gastos como parte de la invitación del presidente de dicho parque de diversiones, Bob Iger, quien ha destacado el poder y resistencia del espíritu humano en la odisea protagonizada por los trabajadores del norte chileno.

En un plano más práctico, los mineros Omar Reygadas y Mario Sepúlveda rescataron de su interior capacidades escondidas e iniciaron el trabajo de dictar charlas motivacionales dirigidas a grupos masivos bajo la leyenda "Atrapados con salida. Tú puedes". Sus testimonios son bien pagados, según reconocen, y las ofertas aumentan cada día.

Recientemente, y ante un grupo de estudiantes de una universidad del sur del país, ambos sobrevivientes profundizaron sobre el poder de la voluntad humana cuando se trata de conseguir logros superiores que sean motores de la sociedad y así tomar el control de sus vidas. Junto a ellos, también es socio en esta incipiente actividad empresarial, el doctor Jean Romagnoli, médico de la Asociación Chilena de Seguridad, quien estuvo a cargo de preparar a los mineros físicamente para el rescate.

Romagnoli expone sobre la "Respuesta humana en situaciones extremas" y además entrega detalles respecto de su relación de trabajo con los técnicos de la NASA presentes en la operación San Lorenzo.

Pese al renombre que ha conseguido el grupo de mineros, el cual les ha valido una gran exposición mediática, Mario Sepúlveda es quien mejor ha capitalizado su popularidad, gracias a su extravertida personalidad y contagioso aplomo. En menos de tres meses ha visitado Estados Unidos, Alemania, Inglaterra y Argentina invitado por entidades internacionales y medios de prensa. Para los primeros meses del 2011 ya confirmó visitas a Japón, Nueva Zelandia y Rusia, mientras recibe requerimientos desde Israel, Puerto Rico, República Dominicana, Grecia y África.

Las ganancias económicas de sus exposiciones son administradas por su esposa, Elvira Valdivia, contadora de profesión. Mientras en su casa de Pudahuel, una de las comunas más pobres de Santiago, Mario Sepúlveda, tiene un verdadero altar con decenas de galvanos y las llaves de Pudahuel, donde fue nombrado "Hijo Ilustre".

En otro tono, bañado de romanticismo, cinco de los mineros salvados le han propuesto matrimonio a sus parejas en una fiesta celebrada en la costera ciudad de Caldera, cercana a Copiapó, en la primera reunión pública del grupo desde su dramático rescate.

Uno de ellos, Esteban Rojas, prometió casarse con su esposa, Jéssica Yañez, en una iglesia 25 años después de contraer nupcias en una ceremonia civil. Lo hizo a través de una carta que le envió por las palomas una tarde de septiembre.

Durante la fiesta organizada por el magnate chileno Leonardo Farkas, Esteban validó públicamente la promesa que le hizo a Jéssica de hacer sonar las campanas y llevarla al altar en una iglesia colmada de familiares y amigos.

—Yo acepto. Todavía tengo la carta —bromeó ella intentando, casi como niña, ocultar su emoción.

Para otros, sin embargo, la libertad hoy es un espacio reconquistado a duras penas para gozar de la intimidad, el silencio y la ponderación. Es el caso del jefe de turno del grupo: el topógrafo Luis Urzúa, el hombre que mantuvo la disciplina y el compañerismo al interior del refugio. Él y su familia jamás han querido sincerarse a cabalidad ante la prensa.

La diaria preocupación de Urzúa es apoyar de cerca la investigación que lleva adelante la fiscalía regional de Atacama para determinar las responsabilidades judiciales por el accidente en la mina San José. Frecuentes son sus encuentros con el fiscal a cargo de las indagaciones, Héctor Mella.

Sin embargo, mientras la mayoría de los 33 procura reconquistar la vida que llevaban hasta antes del derrumbe, con sus aflicciones y regocijo, penurias y esperanza, la normalidad se resquebraja ante tanto requerimiento público y una inundante marea de sensaciones que muchas veces supera el control sicológico. Suele suceder que un golpe de suerte puede, en ocasiones, afectar el equilibrio emocional y eso está ocurriendo con varios sobrevivientes.

Muchos de ellos han debido someterse a intensas sesiones de psicoterapia junto a sus familias, diseñadas para superar el estrés postraumático. Incluso seis de ellos han presentado excesivo consumo de alcohol, según el equipo médico a cargo de tratarlos en la Asociación Chilena de Seguridad.

Pero más allá de lo bueno y de lo mejorable, llegó la hora de saber lo ocurrido en esos 69 días bajo tierra, llegó el momento en que aquel consensuado "pacto de silencio", se va desvaneciendo por la natural necesidad que el corazón expulse vivencias que no puede guardar para siempre.

Es así como ahora, dos de ellos, José Henríquez y Víctor Zamora, abren su alma para relatar, en exclusiva y sin tapujos, la confidencialidad del grupo, las horas más difíciles, pasajes inéditos, la convivencia diaria con la muerte, la convicción de regresar a la vida, y muy especialmente, las actuales reflexiones tras su paso por el infierno.

Aquí sus testimonios.

18

✦

Dios en carne y hueso

A los pocos días del rescate el minero José Henríquez sintió la necesidad de volver a su hogar de la sureña ciudad de Talca donde lo esperaban con ansiedad vecinos de la población Nuevo Horizonte, familiares, amigos y "hermanos" de la Iglesia Evangélica a la cual pertenece desde hace décadas.

De regreso en casa, con el total deseo de descansar, sus días se vieron inmediatamente copados de innumerables eventos de reconocimiento público, los que no estaban en sus planes. Todos querían verlo, hablarle, tocarlo, abrazarlo...El reposo familiar quedó postergado hasta nuevo aviso.

Las actividades: interminables e inevitables.

En su natal comuna de San Clemente, Henríquez fue declarado Hijo Ilustre. De inmediato ofició su calidad de galardonado en la celebración del Día Nacional de las Iglesias Evangélicas y debió responder a cuanta invitación le llegó de autoridades locales, clubes deportivos, grupos sociales y amigos de larga data. Nada o casi nada fue posible rechazar.

Tras esos vertiginosos días de octubre, intenta ahora alcanzar el anhelado relajo en su casa de Talca, ciudad ubicada a 250 kilómetros al sur de Santiago, donde la vida transcurre apacible y mansa en medio de una vegetación tan distinta y distante a la del desierto chileno.

Rehúye a la prensa y evita, con la mayor de sus fuerzas y sus buenas costumbres, el abordaje constante de medios de comunicación que intentan infructuosamente recoger historias íntimas de su experiencia en la mina.

Sin embargo, José Samuel Henríquez, reconocido por sus compañeros de calvario como líder espiritual del grupo, afirma en forma muy seria que, en el fondo, sí le interesa dar a conocer la "verdad de Cristo" que se manifestó entre ellos.

Luego de días de descanso en familia, junto a su esposa y sus hijas gemelas Karen y Hettiz, este minero de 56 años regresa a la rutina que mantenía antes de la tragedia.

De pronto es un hombre lleno de prisa. Está apurado.

Tiene compromisos familiares ineludibles que le obligan a ceder apenas 10 minutos de su escaso tiempo, según advierte, para hablar sobre los 69 días que pasó atrapado.

Su esposa Hettiz Berríos, quien se alista para acompañarlo en su urgente salida, se muestra inquieta, mira la hora una y otra vez, mientras Henríquez se dispone a expresar, algo desganado, detalles de sus vivencias en la mina siniestrada.

A pesar de la premura, José Samuel manifiesta de igual forma la voluntad de transmitir el apoyo espiritual que le brindó a sus colegas. Asegura que haber resistido tanto tiempo atrapado bajo tierra fue "un milagro de Dios".

"Podía morir en cualquier momento"

De plano, revela que a pocos días del derrumbe en la mina recibió dos señales que advertían desgracia para su futuro.

Primero fue su abuela Sara a través de una revelación divina.

—Mi abuela recibió un mensaje de Dios, y en dos oportunidades le dijo a mi mamá que yo iba a pasar por momentos muy duros y que era muy difícil que saliera de esa...La verdad, no le hice caso. Lo tomé como cualquier cosa.

El segundo llamado vino de su hija Hettiz, quien el día en que Henríquez debía volver a trabajar al norte, llegó atrasada a despedirse de su padre. Muy inusual en una mujer puntual como ella, según él.

—Venía atrasada en colectivo. Yo estaba por partir, no la podía esperar más, hasta que la veo bajar del auto, corrió hacia mí y me dio un fuerte abrazo. Me sorprendí de tanto apuro. La noté demasiada efusiva. La quedé mirando y le pregunté, "Hija, ¿por qué me abraza así?". "Nada", dijo, y ahí yo quedé con la bala pasada. Aquí algo va a pasar, pensé entre mí.

A las señales de sus familiares se suma el temor que José Henríquez arrastraba desde hace tiempo tras vivir un hecho que pudo ser aún más premonitorio.

Seis meses antes del accidente, y raíz de una emanación de gas en la mina San José, tuvo que sacar a dos compañeros urgentemente y, al intentarlo con el tercero, se desmayó.

—A mi esposa le decía que podía morir en cualquier momento por las circunstancias que habían allá, una mina insegura. Cuando me despedí de mi familia, salí de la casa con la idea de que algo me iba a pasar.

Henríquez no puede evitar seguir pensando en silencio.

—¿Cómo vivió el accidente?

—Yo entregué el turno luego de hacer la mantención de una máquina. Cuando ya me iba, se produjo el accidente. Fue un ruido tremendo, como una explosión atómica o algo así. Sólo se veía una nube de tierra, de polvo, y entonces hubo que esperar que bajara la polvareda para poder constatar qué realmente había pasado. La puerta de salida estaba bloqueada y no había más que hacer, quedamos enfrentados a una situación extrema.

—¿Cómo reaccionó usted?

—Bueno, con la normalidad de siempre porque no sacaba nada con desesperarme, porque cuando uno anda bien acompañado [por Dios], las cosas tienen que salir, o sea, hay que buscar las posibilidades de solución hasta el último.

—¿Y que pasó con el resto del grupo?

—Se calmaron y comenzaron a actuar de forma organizada.

Es notorio que a Don José le cuesta explicar cómo la razón se impuso al pavor...y lo consigue.

—Nos preguntamos qué tenemos: oxígeno y agua. Entonces hay que organizarse, porque debemos ver cómo vamos a vivir, porque nos quedan muchos días por vivir.

—¿Y pensaron en alguna forma de salida inmediata?

Moviendo cansinamente la cabeza de izquierda a derecha, José espera con la paciencia que emana su personalidad, y responde:

—No, no teníamos ninguna alternativa de escapatoria, ni saliendo por los rajos, ni por ningún lado. No teníamos medios, ni menos las fuerzas para escalar y subir, ni meternos a ninguna parte. Era como entrar a un lugar de serpientes... porque sin lámparas, sin nada...no era posible para nosotros ...era imposible decir, "Vamos hacer esto y esto otro. De todas maneras metimos ruido, hicimos fuego para que la gente de afuera viera el humo que debía salir por los rajos de la mina".

—¿Sintió en algún momento que tal vez no iba a salir de ese lugar nunca más?

—Bueno...eso era lo que primero teníamos en cuenta, que humanamente no podíamos hacer nada, pero Dios...siempre está.

—O sea, ¿dependían completamente de quienes estaban en la superficie?

—Claro, dependíamos de afuera, de lo que empezara a suceder...entonces allí, como digo, no había alternativas de escape. Y bueno...asumiendo eso empezamos a organizarnos. Dijimos: "Ya esta es la realidad y tenemos que asumirla no más, y tenemos que tratar de dar lo más posible", o sea, tratar de mantenernos con vida lo que más podamos, dentro de nuestros cabales.

—¿Así, con la tranquilidad que lo dice ahora?

—Sí, exactamente.

—¿Pero sus compañeros estaban angustiados?

—Claro, había mucha ansiedad, mucha inseguridad de qué iba a pasar, porque asumir el desastre así tan rápido yo creo que lo pudimos hacer sólo algunos...pero, ahora estoy seguro, que no todos. Entonces, con el pasar de los días la gente le fue tomando más peso al problema, y ya la cosa se puso, se iba poniendo...

José Henríquez no termina la frase por miedo a deslizar parte de la intimidad del grupo, que abajo en la mina, prometieron no revelar públicamente. No obstante, igual se refiere al momento más difícil que enfrentó junto a sus colegas:

—Yo al principio les dije: "Amigos, de partida les garantizo que hay una Iglesia en el país entero orando por nosotros... Tengan la seguridad, vamos a pedir la bendición por estos pocos alimentos que hay en este cajón". Se pidió la bendición y yo les dije: "Esto va a ser multiplicado, tengan confianza, vamos a gozar, vamos a estar felices cuando ustedes empiecen a ver la bendición que va a llegar", esa era una de las cosas que yo les decía, siempre en la parte positiva, siempre tratando de animarlos.

Don José recuerda que el ánimo de sus compañeros estaba totalmente menoscabado, muy por el suelo, tal vez a una profundidad mayor que la de sus propios cuerpos. Sin embargo, el agobio del grupo contrastaba con la tranquilidad que a Henríquez le otorgaba la experiencia de haber enfrentado, en más de 30 años trabajando en muchas minas del país, situaciones aún más desastrosas como, por ejemplo, la vez que perdió a una decena de compañeros tras un aluvión que tapó de piedras y lodo todo un campamento de la central hidroeléctrica Alfalfal, en el centro de Chile, donde cumplía labores de perforista junto a su padre y a su hermano Gastón, en 1986.

—¿Qué ocurrió con el grupo luego del derrumbe en la mina San José?

—Bueno, en ese minuto nos reunimos en el refugio para percatarnos de lo que teníamos y de lo que no teníamos, y a lo que estábamos, en realidad, enfrentados —sostiene en tono evangelizador—. Así que ahí empezamos a ponernos de acuerdo, a ver qué íbamos hacer, cómo nos íbamos a organizar, cosa de mantenernos activos. Se repartieron tareas, vimos un lugar donde dormir, donde íbamos a estar y revisamos todo lo que teníamos, o sea, buscamos todas las alternativas...

—¿Qué otra inclemencia del refugio los agobiaba?

—La temperatura misma era lo que nos tenía sofocados, porque era un calor permanente, 34, 36 grados, tal vez más. Eso era lo que más nos agobiaba. Transpirábamos incluso detenidos, parados. Perdíamos y perdíamos la hidratación del cuerpo.

—¿Qué criterios usaron para definir los roles de cada uno?

—De forma voluntaria, ahí asumimos una postura democrática, o sea, 50% más uno. Se lanzaba una idea y el que no estaba de acuerdo bueno, ahí éramos 33 y si queríamos acordar algo, votábamos. Nadie tomaba decisiones individuales, así que veíamos la mejor opción.

Su esposa Hettiz Berríos interviene con una señal de prisa. Muestra el reloj de su mano derecha con el afán apurar el relato de José. Más que mal tiene a su marido de vuelta y lo quiere para ella...lo necesita...Él la mira con cierta indiferencia. Ya no parece importarle los 10 minutos cedidos.

Lejos de la tierra...Más cerca del cielo

—¿El estrés de grupo comprometió las relaciones personales?

—Claro, empezaron a aumentar las dificultades, usted sabe, que hay diferentes carácteres, hay personas que son más fuertes, otras menos...en fin.

—¿De qué forma el grupo le solicitó que los guiara espiritualmente?

—Me lo pidieron así no más, porque yo no me ando metiendo al medio, siempre he sido de bajo perfil. Yo ando por las mías, yo no soy metete al medio, o sea, ellos dijeron, Don José es evangélico y le vamos a pedir que nos lleve en la oración. Les aclaré, eso sí, que yo creo en un Dios vivo y vamos a seguir a ese Dios. Les dije: "Si ustedes lo quieren hacer como yo quiero hacerlo, como nosotros lo hacemos los evangélicos, bien. Si no, búsquense a otro...". Se los dije así de simple, pero sin arrogancia.

—¿Cómo reaccionó el grupo?

—Dijeron no importa, póngale no más...Nosotros hacemos lo que usted nos diga, así que visto y considerando, me di curso y le empecé a dar.

—¿Y cómo organizaban la oración?

—Hacíamos una redondela y yo me ganaba* al medio, y empezábamos las oraciones y ahí nos encomendábamos a Dios. Empezamos de inmediato porque no teníamos otra salida.

—¿Y en esas oraciones participaba todo el grupo?

—Todo el grupo, los 33.

—¿Independientemente del origen religioso de cada uno?

—Sí, es que eso lo aclaramos antes porque teníamos un bien común que era pedirle al Señor que él tomara los medios, era la única persona que podía interceder para que hubiera un modo, para que los de arriba llegaran a donde estábamos nosotros.

—¿Cuál fue la primera petición a Dios?

—Que ojalá los rescatistas se metieran por la misma entrada principal para que llegaran donde estábamos nosotros, en la primera instancia era eso, después vimos que era imposible, que no se podía porque estaba bloqueada por una roca gigante.

—¿Pero ustedes tenían la certeza que los estaban buscando?

—Claro, sabíamos que nuestros familiares no nos iban a dejar...nunca.

—¿Había horario determinado para las oraciones o rezaban a cualquier hora?

—Teníamos dos oraciones al día, una a las 12 y la otra a las 6 de la tarde. Nos metimos a una cadena de oración y ahí hacíamos plegarias sobre el mismo tema y empezábamos a hablar de la palabra del Señor, de sus mensajes. Como no teníamos Biblia, hablaba lo que yo sabía.

—¿Cuál era la dinámica? ¿Era usted el que debía dirigir siempre estos encuentros?

—No, empecé a dar oportunidades al grupo porque de eso

---

* Modismo usado en el sur de Chile para decir "ubicarse".

se trataba...de que no fuera solo yo el florerito que estaba al medio de la mesa y pedí que empezaran a intervenir. Ahí comencé a orar, a entregar los momentos de oración y después eso se transformó en un servicio de oración, porque incluimos las alabanzas, incluimos la palabra del Señor y también la oración de forma individual.

—¿Todos se animaban?

—Había uno que otro que no se animaba a orar como la mayoría...pero lo hacían a su manera, pedían al Señor a su manera, estaban igual pidiéndole algo al Señor, con sus propias palabras, con sus propias formas...

—O sea, ¿definitivamente confiaban en su liderazgo espiritual?

—Yo aparte de no ser pastor y no ser guía espiritual, soy una persona responsable. Es decir, llevo la verdad en mi vida, yo sé que Dios es un Dios vivo, yo sé porque él ha tratado conmigo, Él es un Dios que se manifiesta ante las personas. Por eso yo les decía a mis compañeros que cuando uno se entrega a Dios que Él siempre, siempre se manifiesta a uno.

José Henríquez recuerda que luego de haber recibido biblias desde la superficie, ya en los últimos días de encierro, realizaron un estudio básico de la palabra del Señor.

—Fue un tipo concurso, con preguntas y respuestas. Muchos participaron, y el que respondía mejor el cuestionario de 30 preguntas se llevaba de regalo uno de los libros sagrados. Les di toda una tarde para que investigaran, con la Biblia en la mano, para que luego respondieran.

—¿Quién ganó?

—Ariel Ticona se la ganó. Respondió correctamente las 30 preguntas. Estaba tan seguro de ganar que en su hoja de respuesta escribió en una esquina, "La Biblia es mía".

—¿Cómo cree que Dios se manifestó concretamente en ustedes?

—A Él no le costó perforar la mina para estar al lado nuestro. Ese es el espíritu de Dios que nos movía, que nos bendecía, que nos daba la fuerza, la fortaleza necesaria para estar bien, ese era el espíritu que tocaba los corazones de los 33 mineros a través de la palabra del Señor. Eso es lo que yo puedo testificar, que el Dios vivo estaba tratando con nosotros.

Don José se impacienta. Quiere seguir hablando con la misma locuacidad que transmitía los mensajes bíblicos a sus compañeros. Su esposa Hettiz casi resignada a seguir esperando, escucha en silencio y embelesada el relato de Henríquez. Él prosigue y asegura que las labores de sondaje para encontrarlos con vida fueron un milagro.

—A mí lo que me interesa es testificar que fue un milagro. Los expertos no se explican cómo esa barra pudo desviarse tantos metros hasta dar con nosotros. No hay que olvidar que desde arriba estaban perforando a la suerte no más, no había topografía, nada...Estaban tratando de llegar a cualquier socavón, a cualquier cruzado, cualquier túnel, la cosa era pincharnos de algún modo, eso era lo que nosotros queríamos, que una de esas sondas llegara para poder dar señales de vida y mandar un mensaje.

Entusiasmado, Henríquez recuerda los preparativos para cuando llegara la sonda y la alegría que sintieron tras el rompimiento de la tierra.

—Sabíamos que estaban tratando de llegar a nosotros a través de la perforación. Un sondaje es lo básico para saber qué pasa. Nosotros teníamos los mensajes listos para mandarlos a la superficie, teníamos pintura para marcar la sonda, varios tarros de pintura que usualmente yo uso en mi máquina

236

de trabajo. Y además juntamos harto alambre para amarrar los mensajes a la sonda.

—¿Y cuál era su mensaje?

—No, yo no tenía mensaje, yo tenía mi tarro. Dije, aquí tengo mi pintura, con esto coopero. También me conseguí un fierro para golpear la barra, la sonda, para poder mandar un sonido y que se escuchara arriba, y dijeran, "Pucha, hay gente abajo, está sonando está cuestión, pongamos oreja". La idea era hacer cualquier cosa con tal de que supieran que estábamos vivos.

—¿Cómo reaccionó el grupo tras el rompimiento de la sonda?

—Primero, empezamos a sentir ruidos, cada vez más fuertes, hasta que el fierro rompió la roca, la barra se metió al refugio. Cuando apareció la sonda muchos de mis compañeros intentaron agarrarse de ella. ¡De pura felicidad!

José Henríquez busca la comodidad de su sillón. Hace una pausa y continúa.

—La barra se detuvo un rato. Ahí nosotros aprovechamos de usar el *spray*, la pintábamos. Poco menos que queríamos agarrarnos de la barra para salir junto con ella, pero no se podía. Todos estábamos muy felices...mucho.

—¿Ya no había duda que definitivamente serían sacados a la superficie?

—Claro, y ahí se abrió una ventana de salvación para nosotros y sabíamos que Dios nos iba a bendecir a través de esa sonda y que llegaría comunicación, y que nos iban a mandar agua limpia y alimentos. Creo que todo eso significó una clara respuesta de que podíamos ser rescatados.

Don José cierra los ojos y satisfecho de su fe inquebrantable murmura:

—Fue una respuesta de Dios...una más.

—¿Hasta ese día la situación en el refugio había empeorado mucho?

—Sí, claro, a esa altura ya estábamos fritos, de haber seguido en esas condiciones no hubiéramos aguantado muchos días más. Para ese entonces estábamos jodidos en cuanto al hambre y todo ese tipo de cuestiones, que era lo básico.

—¿Cuáles fueron los cuidados que tomaron para que las labores de perforación no los perjudicara, no les cayera una piedra en la cabeza, por ejemplo?

—Tuvimos que tomar precauciones y ganarnos en el lugar donde no hubiera tanta vibración y que no hubiera tanto polvo, nosotros queríamos que no pararan con la perforación, aunque abajo caía mucho polvo.

—¿No había forma de librarse del polvo?

—Al principio no. Después arriba le echaban agua a la sonda y con eso bajaba un poco el nivel de densidad, tuvimos que empezar a gritar porque el refugio se estaba llenando de tierra.

Los deseos de Hettiz Berríos, finalmente, se imponen. Henríquez, tras la insistencia de su esposa, termina el diálogo. El compromiso familiar debe ser cumplido, aunque con retraso. Antes de partir, él mira con sorpresa su reloj de mano: los 10 minutos sentenciados al comienzo, también se multiplicaron.

19

Hijo del desierto

La casi inexistente lluvia en el desierto de Atacama dibuja un paisaje curioso en los campamentos mineros del Norte Grande de Chile. Las casas tienen techos planos. Sí, son plataformas horizontales. Los niños, acostumbrados, trepan hacia ellos cada tarde a rescatar las pelotas que escapan de sus pies durante las "pichangas", peladas de fútbol, que llenan las tardes en canchas de límites imaginarios en juegos que sólo acaban cuando el sol revienta lento en el horizonte y devuelve hacia la cordillera sus colores desde un naranja encandilante hasta el púrpura sutil que obliga el regreso al hogar.

Las poblaciones son perfectamente uniformes. En un ocre mimetizado con el color de los cerros, los refugios familiares se esmeran todas por mantener en sus breves espacios simulacros de jardines, cactus, chilcas (retazos de pasto silvestre), pimientos y cualquier otra expresión de flora que no requiera agua, el agua alcanza sólo para el consumo humano. Lo que sobra en Atacama es la límpida inmensidad de su cielo, el más claro del planeta. Bajo ellos, la tierra domina desde el suelo hasta el cabello de sus habitantes. La tierra y las piedras resquebrajan día a día las mejillas, las manos y fortalecen el espíritu de quienes viven de lo que las vetas de minerales prometen.

Mientras tanto, el polvo sedante, acompañado de la caprichosa embestida del viento nortino se cuela el aire inevitable a través de pequeños espacios de puertas y ventanas hacia una de las piezas del hogar donde Víctor Zamora pasa los días rearmando los hechos de su reclusión por más de dos meses, a medio kilómetro bajo tierra.

Un encierro que le cambió la vida a él y a sus compañeros, tal como trastornó la vida de Chile, como también estremeció a millones de habitantes del mundo.

El vaso de agua, destinado a aclarar su voz lo mira con desdeño. Lo rechaza, categórico, casi molesto. Aunque su garganta se va secando en cada sílaba pronunciada.

Es verdad, no es fácil ganar la confianza de los mineros chilenos. Son hombres curtidos en los ambientes lisonjeros y graduados con la dureza de Atacama.

Sobre la mesa, el agua se bambolea todavía con el afán de cautivarlo, justo cuando Víctor levanta la vista después de mirarse las manos ásperas como la tierra que rodea su hogar, entrecruzadas y, haciendo girar cual molino, sus dedos pulgares.

—Pensé que no saldría de esa mina nunca más, y me daba vueltas en el refugio recordando a mi hijo, a mi esposa...

Zamora acomoda una y otra vez su cuerpo sobre la silla. Parece inquieto. No encuentra la posición para su cuerpo. Tal parece que es su alma la que no encaja aún en este renacer, sobre el suelo, bajo el sol. Es imposible no calar la vista en cada uno de los tatuajes que visten la dureza de sus brazos.

—Cada uno representa una etapa de mi vida.

Cual si fuera una galería de piel, resalta el rostro de otro Víctor, Víctor Jara, el cantautor chileno asesinado por militares tras el golpe de Estado comandado por Augusto Pinochet, en 1973. También aparece, en su brazo izquierdo, el Che Guevara con la típica boina, en un diseño algo desfigurado, que fácilmente podría ser una estructura felina.

Más abajo van desfilando al antojo de quien pueda observar la frase *Te Amo*, la cara de Lucifer y una hoja de ma-

242

rihuana, que evoca, según confiesa, la etapa más sicodélica de su vida.

Tras su experiencia en la mina San José anuncia que prepara un tatuaje en la espalda cuyo diseño aún no se atreve a revelar, aunque quizás tenga inspiración mística o divina, pero es parte de los secretos que Zamora guarda de su paso por el infierno, los que parecen ser aún más abultados de lo que él mismo puede imaginar.

Víctor nació en una familia de mineros, acostumbrado al sacrificio del alba entumecida, el horno que baja del sol al mediodía, al frío crepuscular, a esos turnos de horas sin descanso, casi incomprensibles para el siglo XXI, a las casas de puertas cerradas, al calor de sus seres amados, al alcohol en camaradería, al eterno sacrificio...al orgullo de ser minero.

Así creció, así ha sufrido y vivido, así seguirá...intentando, con dudas, que sus hijos encuentren un camino menos hostil.

Cuando el accidente se hizo parte de la historia de tantos, Víctor desplegaba sus años de experiencia como ayudante de fortificación.

El día del rescate fue el decimocuarto sobreviviente en volver a respirar el aire limpio y nocturno de la libertad. A pocos pasos lo esperaba ansioso su hijo Arturo, de 4 años, y emocionada su esposa con tres meses de vida nueva en el vientre.

El abrazo esperado duró, para ellos, una eternidad, apenas segundos para millones de televidentes que seguían en directo el momento del reencuentro.

TRAGEDIA ANUNCIADA

—El día del accidente me pasó algo muy raro —recuerda Víctor Zamora—. Recibí un aviso, un presentimiento de que algo malo me podía pasar. Mi pequeño Arturito siempre me ha persignado cuando llega de la escuela, y yo debo partir a trabajar. Él sale a las cuatro y yo entro a las seis, entonces él llegaba de clases, me daba un beso en la boca, me persignaba y me decía, "Que te vaya bien, que te cuide Dios". Ese día no lo hizo, no quiso más. Me pareció muy extraño porque él es muy apegado a mí. Yo le dije que quería traerle su colación y me respondió que no estaba ni ahí con su colación, que quería que me quedara, que no fuera a trabajar...No le hice caso.

Son las tres de la tarde, el calor aturde y, a ratos, el aullido del viento es lo único que interrumpe el silencio. Es un silencio que se hace respetar.

—¿Tú le preparabas la colación?

—No, en la empresa me dan bebida, me dan galletas, un jugo, leche, entonces esas cosas yo no me las comía, y se las guardaba a mi hijo para que las lleve a la escuela.

—¿Aunque tuvieras hambre?

—Sí, todo para él. También esa mañana sentí que alguien me tocó el hombro. Miré y no había nadie.

—¿Cómo así?

—En la mañana, cuando me levanté tipo cinco y media, justo iba a calentar un poco de agua en la cocina para tomar té. Me sentía mal, me dolía el estómago.

Estaba parado con una chaqueta en la mano, al lado de un sillón, y como que alguien me pescó el hombro y me trató de sentar con fuerza. Miré y no había nadie. Estaba yo solo. Me reí, pero después me asusté. Estuve todo el día con el cuello apretado.

Su garganta lucha contra la reseca carraspera, mientras el vaso de agua observa, ya indiferente. Víctor, con esfuerzo, sigue recordando...

—¿Qué estabas haciendo el día del derrumbe en la mina?

—Nosotros siempre salimos a las dos de la tarde para almorzar. En ese momento éramos más o menos como 12 personas en mi grupo. Luego sonó una sirena y el carro donde yo iba empezó a tener dificultades para avanzar. Es que la salida de la mina empezó a atacar, comenzaron a caer piedras. Estábamos a 190 metros de profundidad. Yo estaba con Carlos Barrios y había dos más, el José Ojeda y el Claudio Acuña. Nos devolvimos un poco y sentimos que reventó la tierra por todos lados. Fue un sonido tremendo, una presión gigante. No podíamos seguir subiendo, así que bajamos a la mina. Había polvo por todos lados. Después se calmó un poco. Ahí mis compañeros fueron a buscar camionetas y nos metimos en una de ellas que manejaba el Florencio Ávalos para intentar salir nuevamente, pero fue imposible. La salida estaba tapada por una tremenda roca. Ahí me di cuenta que estábamos atrapados y sentí que de ese lugar no salía nunca más.

Por fin toma un sorbo de agua, que aunque ya tibia, refresca el ambiente y permite al diálogo continuar.

—¿Cómo reaccionaron?

—Mira, por mi parte creí que no iba a salir, pensé, yo de aquí no salgo. Mis compañeros, no sé qué pensaban, no sé cuáles eran sus experiencias en ese momento. Luego nos fuimos todos para el refugio a esperar que la tierra se calmara. Había muy poca luz porque las pequeñas lámparas que teníamos se fueron apagando de apoco.

—¿Volver al refugio fue la primera decisión?

—Claro, volvimos para ver qué íbamos a hacer, ver la comida.

—¿Con qué se encontraron?

—Con algo humillante para un trabajador. Había muy poco alimento, y como 100 y tantos cubiertos. No entiendo, ¿para qué? Entre nosotros nos mirábamos y no sabíamos cómo lo podíamos hacer con tan poco alimento. Había leche pero estaba cortada y había comida para dos días, pero los otros días no íbamos a comer nada. Además, había un tarro de duraznos y dos tarros de arvejas, había como ocho litros buenos de leche y otros malos, era como mitad y mitad, atún había como 19 tarros. Por ahí uno de mis compañeros tiene la lista, yo creo que había como 15 litros de agua. Nos encontramos con una realidad totalmente humillante. Imagínate, los dueños de la mina ganan tantas monedas para tener una cosa así. No se puede —reflexiona, mientras bambolea su cabeza, ordena su cabello y aprieta, con las manos, impulsivamente su mentón.

—¿Cómo pensaban salir adelante?

—Yo creo que todos asumimos lo que estaba pasando, de ahí partimos todos, asumir. Asumir que estábamos atrapados, pero también teníamos que asumir que teníamos que salir del hoyo con vida, y que para eso teníamos que estirar la comida.

Víctor vuelve a moverse en su asiento tras un largo lapso de inmovilidad. Restriega sus ojos vidriosos antes de entrar en un terreno difícil de la tragedia.

—¿Qué hacías los primeros días, como era tu rutina?

—Dormíamos una hora, hora y media y despertábamos. Después tratábamos de dormir otra vez, yo creo que de las 24 horas dormíamos tres horas esperando alguna luz, alguna esperanza.

—¿Cómo lo hacían para dormir?

—En el mismo suelo, en la tierra húmeda, con los pies ahí, es que había que acomodarse no más. Vas arrojando las piedras por ahí, y con la poca ropa que tienes haces una almohadita.

—De qué manera resolvieron el tema sanitario?

—Al principio no había caso, creo que nadie tenía ganas. Yo no podía orinar. Algunos compañeros encontraron por ahí un rinconcito alejado para hacer pichi. De lo otro, nada...si teníamos el estómago vacío.

—¿Cómo se organizaron?

—Conversando, opinando, todo se daba a las palabras, ganaba el que tenía más votos. O sea, todos tenían derecho a hablar. Ahora, claro, unos hablaban más que otros, pero todos decíamos algo, aunque a veces nos atropellábamos porque muchos hablaban al mismo tiempo, ansiosos de decir algo. Mientras más buenas ideas, mejor para el grupo, creo yo.

—Si tenían poca comida, de qué forma la dividieron?

—Miramos y era la nada misma. Después calculamos alimentos como para 10 días, claro que comiendo lo mínimo. Ahí decidimos comer cada 12 horas una cucharita de atún cada uno, después cada 24, 36, y más adelante cada 48 horas.

A nadie le tocaba más que a otro, si no que a todos por igual. Teníamos un hambre que te la encargo...Cada día que pasaba comíamos menos y menos. Incluso, estábamos llegando a las 72 horas cuando nos quedó apenas una lata de atún.

—¿La repartieron?

—No, esa no la abrimos. La dejamos ahí en la mina como un símbolo de nuestra sobrevivencia.

Víctor Zamora, en medio de frases entrecortadas y el desvío permanente de sus ojos cada vez más brillosos, revela el dolor más grande que tuvo mientras sufrió el encierro bajo tierra.

—Lo que más sentí no era el hambre, tampoco el triste momento que estábamos pasando enterrados en la mina, sino era el hecho de no poder ver a la familia, no ver a mi hijo, ver a mi señora sonreír, ver a mi mamá, mis hermanos, mi abuela...Creo que la idea de no verlos nunca más me mataba, eso fue la angustia, el dolor más grande que he sentido, no sé mis compañeros, pero yo creo que va por el mismo camino. En esos minutos...en los momentos más críticos uno realmente...

Hace una pausa imprescindible, mira al cielo, respira hondo, recobra su voz de hombre fuerte y prosigue.

—Realmente no teníamos nada, no tomábamos nada más que agua, yo creo que cada 12 horas esperábamos para comer algo, pero a mí me dolía en el alma no ver a mi hijo, abrazarlo. Yo estuve apegado a mi familia desde la profundidad de la tierra, entonces ahora que estoy afuera trato de recuperarla, pero se me está haciendo un poco difícil.

La pregunta se interrumpe a sí misma...

—¿Por qué?

—Porque vuelvo atrás, los recuerdos los tengo pegados en mi cabeza. Entonces busco el silencio, necesito escribir y voy a seguir escribiendo, es algo urgente.

LOS PRIMEROS DÍAS

—Aunque estábamos a oscuras, igual sabíamos si era de noche o de día porque nos guiábamos por el reloj de un compañero. Lo más importante es que los primeros días tratábamos de mandar señales para la superficie. Hicimos fuego para que el humo se fuera por el ducto de ventilación, pero no pasó nada. Estábamos desesperados. Incluso uno de mis compañeros gritaba y gritaba pidiendo ayuda, pero qué lo iban a escuchar ahí, si estábamos a 700 metros de profundidad.

Con el ciego correr de los días, el ánimo de estos hombres

curtidos de dolores, sacrificios y soledades comienza a decaer. Aparecen los primeros síntomas de depresión. La tristeza y la pesadumbre dominan al grupo, aunque nadie se atreve a ser el primero en reconocerlo.

En el refugio de la mina San José la desazón es muestra de una debilidad que sus padres no le heredaron, que jamás querrían que sus hijos y esposas conocieran. Ellos son hombres fuertes, son los pilares de sus familiares...hasta que la vida cambia.

Fue en ese momento cuando comienza a brillar la figura de José Henríquez, el minero de interminables batallas, quien gracias a su ferviente cercanía a la Biblia encuentra su rol natural, ser el líder espiritual del grupo.

—En un primer momento nosotros necesitábamos realmente una palabra que nos diera ánimo. Ahí se nos ocurre la idea de llamar a Don José. Era una persona calladita, no hablaba mucho, y como uno de mis compañeros supo que él iba a la iglesia, se tomó la decisión...Él podría darnos un día equis, una palabrita de aliento, obvio con Dios, y así empezó todo.

Víctor Zamora de improviso detiene su relato con un silencio que amenaza ser terminal. Parece perder su mirada en el vacío, un vacío que lo habita, como obligado a buscar un camino que lo conduzca a escarbar entre recuerdos y pesadillas. Y, por qué no de esperanza.

Nuevamente está inmóvil, ausente, tal vez enterrado de vuelta en aquellos inolvidables 700 metros de incertidumbre. Los segundos se suman hasta colmar el lugar, hasta que ya con los ojos llenos de lágrimas, Víctor levanta la frente y se reincorpora. Su mirada es culposa e infantil, como víctima de un tenaz regaño materno. Incomprensiblemente pide disculpas y exhala, hilando sílabas, que juntas forman palabras.

—Como a las 12 del día ya estábamos todos rezando, 10 minutos, 15 minutos, y fue algo...no sé, algo como que nos dio una gran fuerza de voluntad para seguir peleando en los momentos críticos que estábamos pasando, ya después, cuando iban pasando los días, se hizo un hábito. El refugio se transformó en un templo chico. Yo lo tomé así y, entonces, cada día que iba pasando, cuando iban disminuyendo las fuerzas y cuando Don José daba la palabra, salía una fuerza extraña sobre nosotros para poder pararnos, y así estar de pie para el rezo de todos los días.

Víctor asegura que vivir a pasos de la muerte los obligó a refugiarse en la figura de un ser superior...lo único capaz de salvarlos.

—Mira, esa decisión era como más personal, era de ese momento, yo creo que todos necesitábamos una luz, una oportunidad, aferrarnos a alguien. Entonces qué mejor que aferrarse a Dios. El mejor elemento que teníamos era la palabra y entonces ahí fue que empezamos todos de a poco, entrando a quererlo, amarlo y pedirle cosas y, al mismo tiempo, arrepentirnos de todo lo que uno ha hecho de malo, y pedir lo que nosotros necesitábamos en ese momento que era salir, salir, salir...estar con vida.

Zamora, sin siquiera un esfuerzo de sonrisa, devela convicción de que la experiencia en la mina significó volver a nacer y le permitió enderezar el camino de juergas nocturnas propias de su mundo minero, que seguía eventualmente antes del accidente. Lo dice hoy...su mañana, ni él lo supone...

—Bueno, yo estoy muy agradecido de Dios como se dice, por darme una vida nueva, volver a nacer y así como antes decía, "Yo creo en Dios a mi manera". Doy fe que Él existe y eso lo doy por hecho, sí que lo puedo dar por hecho. Ahora ando para todas partes con Él, converso con Él, hablo con Él y le pido todas las cosas bonitas para mi vida, para mis hijos, mi señora, mi familia, todo lo que un hombre ha querido.

Víctor Zamora hace pausa. Cruza sus manos y las fija sobre la mesa. No mueve un dedo. Vuelve a respirar hondo, con fuerza pese a que el aire disminuye, tomando vuelo para lanzar una inesperada e íntima confesión.

—Voy a contar algo: Yo le escribí una carta a mi madre cuando estaba ahí en la mina todo jodido, luego de leer algo en la Biblia. No sé qué me dio por abrirla. He abierto la Biblia muchas veces, pero nunca la entendí, pero una frase se me quedó pegada en la cabeza: "Si tú no amas a tu hermano, no entrarás en el reino de Dios". Pucha, entonces eso me dio para recapacitar.

Es visible su inquietud. Inicia una sílaba, se detiene, intenta hallar las mejores palabras para seguir expresando lo que siente.

—Le dije a mi mamá que entre toda nuestra familia tenemos que estar en buena. Le pedí que le mostrara esa frase a mis hermanos porque quería que entendieran que no debemos esperar que uno de nosotros esté pasando una situación mala o que haya una muerte para que la familia se junte, si no que tendríamos que hacerlo antes, para estar en buena.

Víctor asegura que esta carta buscaba la unidad de su familia. Después de sobrevivir al infierno, ese parece ser su nuevo desafío.

—Eso me salió de los momentos que empezábamos a rezar en un grupo donde había católicos, evangélicos, testigos de Jehová, pero adentro era una sola Iglesia y todos pedíamos lo mismo, entonces todos amábamos al mismo Dios y eso fue bueno y yo lo destaqué...lo bonito de esa reunión...

y cuando me llegó la carta de vuelta con la respuesta de mi vieja...

De pronto todo se torna silente.

Por primera vez esboza una sonrisa, y sólo atina a decir:

—Fue una bonita experiencia.

—¿Qué decía tu madre?

—Que la palabra que yo había expresado en esa carta, era un mensaje de Dios y que yo ahora debía cambiar, ser otra persona con más madurez y trasmitir fe y esperanza a ellos, a mis hermanos, que yo iba a salir de la mina con un don. Infelizmente, la carta que le mandé a mi vieja parece que se perdió. La ha buscado por todas partes, pero no la encuentra.

Víctor asegura que la respuesta de su madre lo motivó a seguir escribiendo en la mina, a ser útil con su "poesía".

—Aparte de cargarme el alma negativamente expresando mis dolores, intentaba trasmitir mis mensajes a los demás. Escribía principalmente para agradecer. Entonces, por eso me dediqué a escribir. Fue como a la cuarta vez que estábamos rezando que me vino un ánimo de decir a la gente lo que estábamos realmente viviendo, y ojalá que todas las personas del mundo se den cuenta que no tienen que esperar que ocurra un accidente o una desgracia para pedir disculpas o acercase, por ejemplo, a la persona con la que se ha dejado de hablar...para estar en buena. Me inspiraba en mi dolor, en el sufrimiento de mis compañeros. Quería subirles el ánimo. Teníamos tantos problemas, pero yo absorbía los dolores para darles valor. Vi mucho dolor.

Víctor promete que algún día hará pública sus cartas. Demuestra total seguridad en que esas historias ayudarán a mucha gente a sentir la aflicción de su alma, de cada alma y, en especial, a sacar lecciones de vida a partir de lo que él vivió en el fondo del yacimiento.

—Ahí van a poder ver realmente el dolor que yo sentía en ese momento por mis compañeros, por mí, por mi familia, porque lo trasmitía con una poesía, entonces todo se dedicaba ...Yo me reflejaba con el dolor de las personas, con la angustia de mis compañeros mineros.

NADA PUEDE SER TAN AGRAZ

Víctor Zamora era reconocido por sus compañeros como un tipo bueno para la "talla", es decir, que acostumbra a hacer chistes. Fue esa condición que muchas veces usó para intentar levantar el ánimo de sus abrumados colegas. A veces se reían de sus chistes, a veces de pura burla.

—En algunos momentos yo trataba de reírme de nuestra propia desgracia tirándole tallas a mis compañeros, algunas un poquito crueles —recuerda.

Se ríe un par de segundos y aprovecha de acomodarse más relajado y expectante.

—Un día, cuando estábamos jugando dominó, de repente yo hablada de comida, de platos ricos, de completos, de asados...todos me querían matar. Pero ellos mismos después me pagaban con la misma moneda.

—¿Cómo?

Zamora se ríe.

—No lo puedo contar...

—Pero, todo era para subirnos el ánimo con chistes, aunque fueran pesados.

—¿Hubo momentos que esas bromas no las tomaron a bien?

—Sí, eso ocurrió después, o sea, cuando ya nos estábamos alimentando con la comida que nos mandaban de arriba. Yo creo que cuando la persona recupera sus fuerzas y ya se establece, comienza a ser el mismo de siempre. Antes nos unía la angustia, el miedo. Los 33 éramos uno solo. Después que nos encontraron con la sonda que llegó al refugio, todos volvimos de alguna manera a ser las mismas personas de antes. Se notaron las diferencias de personalidades. Que hubo discusiones, las hubo, pero nunca llegamos a los combos. Nos sacamos la madre eso sí, varias veces, pero no llegamos al extremo... Hubo palabras, pero no golpes ni roces.

—¿Se insultaban mucho?

—¡Mmmm! Para mí un garabato no es nada, es parte de nuestra forma de hablar. Para mí puede haber pelea cuando alguien se toca, pero eso no pasó entre nosotros.

—La pregunta, aunque insulsa resulta inevitable...¿Qué motivos tenían para pelearse?

—Es que, a ver cómo explicar. Hay personas que por cualquier cosa se enojan, o de repente la persona está mal y con eso es suficiente, entonces es normal, yo lo encontré normal ahí en la mina. Hubo fuertes discusiones entre mis compañeros, pero a la media hora ya estaban pidiéndose disculpas y quedaban como amigos y decían que estaban conversando juntos. Luego compartían una agüita, un té, café, entonces no iba más allá que eso.

—Pero cuando llegan alimentos y mejora el panorama, el comportamiento de ustedes cambia, ¿no?

—Esta explicación es bien fácil. Nosotros estábamos a punto de morir, entonces la única forma de estar juntos era unirnos como hermanos, entonces en momentos críticos todos estábamos luchando por lo mismo que era mantenernos vivos.

Después que reventó el sondaje, que empezó a llegar alimentación, a recuperar fuerzas, luego lo que faltaba a cada persona era la familia, yo creo que por ahí va, yo creo que por ahí van los enredos, a raíz de la frustración. Oye, porque ahí cada uno alimentado, también me incluyo, cambiamos hasta la forma de hablar. La desgracia, la etapa de dormir con la muerte ya iba quedando atrás. Sentía que viviría, pero igual seguía metido en el fondo de la tierra, sin estar con los míos. Me acuerdo que podíamos ver a nuestros familiares a través de una cámara que nos bajaron, pero era tremendamente frustrante. Entonces, la situación de ver a mi hijo...me ponía a llorar, de ver a mi señora igual, porque veía las imágenes. Me preguntaba ¿por qué no puedo estar afuera, por qué no puedo ver el sol? Aparte de todo, las autoridades de arriba mantenían un protocolo que nosotros allá abajo considerábamos absurdo.

—¿Por qué? ¿Tanto así?

—No, era como una regla de ellos, era como una rutina, es decir "hoy te toca pan con café" y entonces había que respetarlo, y el protocolo de ellos era que mi familia no me podía transmitir malos sentimientos para que yo no me pusiera a llorar, para que yo no me sintiera mal. Y yo tampoco tenía que decir nada para que ellos no se sintieran mal y, entonces, ahí empezamos a explotar, ahí fue que reventó todo...Comenzaron los problemas entre los compañeros, eran cosas chicas eso sí, pero es que el ser humano está acostumbrado a expresarse en buena y en mala.

DOLOR FÍSICO

—Yo estuve muy enfermo, me quebré los dientes, se me salió la prótesis y andaba con la muela infectada. Tenía un pequeño piquete y abajo, con la falta de calcio, y toda la cuestión, perdí mi diente real y la prótesis. En todo caso, no le hacía mucho caso a mis dientes, porque la situación en que estábamos no había tiempo para el dolor físico. Para olvidarme un poco, a veces me sentaba a jugar al dominó que armó don Luis Urzúa con un plástico que encontró por ahí. Lo cortamos en cuadrito y luego le hicimos hoyitos con un encendedor. Jugábamos por jugar. El que quería participaba del dominó lo hacía...y así se pasaron los días hasta que apareció el sondaje.

—¿Qué pasó con ustedes cuando la sonda rompe la roca y llega al refugio?

Víctor vuelve a sonreír...es la tercera o cuarta vez que lo hace en varias horas, mientras el viento baja la guardia y deja su turno para que el frío inunde sin compasión el ocaso atacameño. Zamora levanta su mano y acaricia sus pómulos. Parece que buscara en ella las palabras que finalmente ya casi no encuentra.

—Fue buena, fue bien buena, espectacular, fue como si alguien mandara un brazo para abajo con toda la fuerza del mundo, y ahí estábamos, como que lloramos todos. Parece que...ehhh...

Víctor definitivamente no puede seguir hablando. Tirita su boca y pide, amable, terminar la conversación.

Y es que ha sido mucho. Mucho para ordenar ideas revueltas, para acallar voces de pesadillas. Mucho para prolongar emociones que todavía se retuercen entre su alma y su mente, entre el trauma y la esperanza, entre la agonía compartida y su nueva vida...

Su segunda vida.